U0318914

Shengtai Kongjian Fenbu ji Guankong Celüe Yanjiu

—— yi Chongqing Weili

生态空间分布及管控策略研究

—— 以重庆为例

周启刚　李 剑　庞 敏　著

西南财经大学出版社
Southwestern University of Finance & Economics Press
中国·成都

图书在版编目(CIP)数据

生态空间分布及管控策略研究:以重庆为例/周启刚,李剑,庞敏著.—成都:西南财经大学出版社,2021.12
ISBN 978-7-5504-4871-1

Ⅰ.①生… Ⅱ.①周…②李…③庞… Ⅲ.①生态环境建设—研究—重庆
Ⅳ.①X321.271.9

中国版本图书馆 CIP 数据核字(2021)第 088797 号

生态空间分布及管控策略研究——以重庆为例
周启刚 李剑 庞敏 著

责任编辑:李特军
责任校对:陈何真璐
封面设计:张姗姗
责任印制:朱曼丽

出版发行	西南财经大学出版社(四川省成都市光华村街 55 号)
网 址	http://cbs.swufe.edu.cn
电子邮件	bookcj@swufe.edu.cn
邮政编码	610074
电 话	028-87353785
照 排	四川胜翔数码印务设计有限公司
印 刷	郫县犀浦印刷厂
成品尺寸	170mm×240mm
印 张	9.25
字 数	171 千字
版 次	2021 年 12 月第 1 版
印 次	2021 年 12 月第 1 次印刷
书 号	ISBN 978-7-5504-4871-1
定 价	78.00 元

引言

党的十九大报告指出，建设美丽新中国，为人民创造良好生产生活环境，坚持人与自然和谐共生，并强调“必须树立和践行绿水青山就是金山银山的理念”。生态空间是人类赖以生存的物质基础和空间载体，划定生态空间和加强生态空间用途管控是维护自然生态环境、健全国土空间用途管制制度的重要手段。目前，我国生态环境总体仍比较脆弱，生态安全形势十分严峻。加强生态空间管控，是贯彻落实主体功能区制度、实施生态空间用途管制的重要举措，是提高生态产品供给能力和生态系统服务功能、构建国家生态安全格局的有效手段，是健全生态文明制度体系、推动绿色发展的有力保障。重庆位于四川盆地与长江中下游平原的过渡地带，是中国经济发达的东部地区与资源富集的西部地区的接合部。习近平总书记在视察重庆时提出，重庆要更加注重从全局谋划一域、以一域服务全局，努力发挥“三个作用”。重庆市正努力推动“一区两群”协调发展，加强生态建设和环境保护，为守住发展底线、筑牢长江上游重要生态屏障而积极行动。由于地处长江上游和三峡库区，重庆在经济、生态及空间上的划分对生态环境的保护和建设提出了更高的要求，只有摸清重庆生态空间的数量底线和分布的具体情况，进一步实现对重庆生态空间的管控，才能把重庆建成山清水秀美丽之地。

本研究在重庆市生态环境保护“十四五”规划前期研究项目（项目号：19C0445）、三峡库区生态系统服务权衡关系及其驱动机制研究（cstc2020jcyj-msxm3692）、生态环境时空大数据高校创新研究群体挖掘（编号：CXQT20029）、重庆在推进长江经济带绿色发展中发挥示范作用研究（19SKZDZX06）的共同资助下，对生态空间相关的文献和政策进行了梳理和深入研究，对生态保护红线、自然保护地、生态空间有了充分的认识。本研究选择了鄱阳湖流域、沈阳市、成都市生态空间管控作为经典案例进行研究，总结生态空间管控的特色和发展思路，对重庆市生态空间管控具有重要的学习和借鉴意义。此外，本研究对重庆市生态空间数量特征和空间分布特征进行了详细的分析，并在此基础上，从“状态”“干扰”“格局”三个方面出发，通过建立生态空间质量评价体系，采用植被覆盖度、建筑指数和图斑破碎度指数三个表征指标建立模型对生态空间的生境质量进行评价。同时，本研究选择典型区县对生态空间落地管控存在的问题进行深入研究，并通过查阅大量文献，采用“释碳—固碳”模型对重庆市“十四五”期间生态空间总量底线进行了预测。最后，本研究通过对重庆市生态空间管控存在的问题进行分析，提出对重庆市生态空间管控的建议。

本研究得到了重庆市生态环境局、重庆市生态环境规划空间信息管理与决策支持重点实验室、生态环境空间信息挖掘与大数据集成重庆市重点实验室和重庆财经学院等单位的大力支持，得到了研究项目组成员（重庆市生态环境科学研究院罗旭，重庆工商大学研究生陈鹏、张杨、谭森、孟浩斌、李明慧、彭春花、刘栩位、周浪等同学）的大力协助，在此表示感谢。本著作是项目组研究人员共同努力的成果。

本研究中生态空间数据中生态红线数据，主要采用当前时点相关部门正式发布的数据；对相关区域生境变化情况所作的评价，是基于研究团队采用的相关评价模型、评价参数和技术路径所得到的研究结果，属于学术观点。限于团队的认知水平，书中疏漏在所难免，敬请读者批评指正。

作者

2021 年 3 月

目录

1 研究背景

1.1 研究目的与意义

党的十八大以来，党中央提出了创新、协调、绿色、开放、共享的新发展理念，大力推进生态文明建设。开展重庆市“十四五”生态空间分布及管控策略研究对实现重庆市建设山清水秀美丽之地具有重要作用。

1.1.1 研究目的

以重庆市为例对生态空间分布及管控策略进行研究，其主要目的有以下几个方面：①全面摸清重庆市在“十三五”期间生态保护红线以及各类自然保护地的空间分布数据，分析重庆市生态空间规划落地现状并挖掘问题产生的原因。②通过分析“十三五”期间重庆市生态空间的管控现状与问题，为“十四五”期间生态空间管控提出改进和优化建议，促进重庆市“一区两群”人口和产业结构布局的调整和优化，使国土空间格局得到优化和有效保护，让生态安全格局更加完善。③进一步促进生态功能极重要区域、生态环境极敏感区域、国家级和省级禁止开发区域以及急需严格保护的其他各类保护地得到有效保护，逐步提升重庆市的水源涵养、生物多样性维护、水土保持功能，构建和完善重庆市生态安全格局，保障和维护重庆市生态安全底线。

1.1.2 研究意义

在我国城市化进程中，快速扩张的经济增长模式引领包括重庆在内的众多中国城市实现城镇化和工业化。但是，在进入工业化中期阶段的同时，城市的资源环境问题日益凸显，极大地改变了城市生态空间的格局，城市建设用地不断深入到生态本底中，生态环境的压力逐渐加大。如何在人地关系高度紧张的快速城市化地区，在巨大的发展压力和较为脆弱的生态条件下，有效地维护和恢复城市的基本生态系统服务能力，协调城市发展和生态保护之间的矛盾，实现可持续发展与保护，是目前几乎所有城市都面临的矛盾和难题。重庆市，作为中国中西部的唯一直辖市，也同样面临这一问题。研究重庆市生态空间的分布与管控策略能够探索出适合重庆市经济与环境协调发展的共赢道路。

党的十九大以来，党中央、国务院把生态文明建设和生态环境保护摆在更加重要的战略位置，并且在《"十三五"生态环境保护规划》中明确提出了要强化生态空间的管控。重庆市地处中国西南部，河流充沛，地形复杂，自然景观、资源丰富多样，是我国面积最大、人口最多的直辖市。为了人与自然、生态与经济在"十四五"期间有更好的发展，研究重庆市的生态空间分布和管控策略会促进形成生产空间集约高效、生活空间宜居宜业、生态空间山清水秀的发展格局，推动全市生态文明建设迈上新台阶。

1.2 研究的主要内容

本研究主要内容包括：①按照国家对生态空间和自然保护地的最新要求，结合重庆市的实际情况，梳理重庆市生态保护红线、各类自然保护地等重要生态空间分布的数据、图谱特征及规律；②利用"天—空—地"一体化技术分析重庆市生态空间规划落地现状情况、存在的问题及成因；③结合经济社会发展对生态空间的要求，建立数据模型测算重庆市"十四五"期间生态空间总体数量底线；④通过综合调查评估，分析出生态空间变化情况及其原因，提出重庆市"十四五"期间生态空间监管、评估、考核等方面的管控措施。

1.3 核心概念

1.3.1 生态空间

生态空间是人类赖以生存和发展的物质基础和空间载体，在以往研究中一些学者认为生态空间是以提供生态服务或生态产品为主要功能的国土空间，包括自然属性、具有人工生态景观特征以及部分具有农林牧混合景观特征的空间。此外，还有学者认为生态空间应该放在生产空间、生活空间、生态空间等"三生"空间的大框架里，专指"三生"中的生态空间，即以提供生态产品或服务为主导用途的空间。在《关于划定并严守生态保护红线的若干意见》中提出，生态空间是指具有自然属性、以提供生态服务或生态产品为主体功能的国土空间，包括森林、草原、湿地、河流、湖泊、滩涂、岸线、海洋、荒地、荒漠、戈壁、冰川、高山冻原、无居民海岛等。同时在《自然生态空间用途管制办法（试行）》（国土资发〔2017〕33号）中指出，本办法所称自然生态空间（以下简称“生态空间”），是指具有自然属性、以提供生态产品或生态服务为主导功能的国土空间，涵盖需要保护和合理利用的森林、草原、湿地、河流、湖泊、滩涂、岸线、海洋、荒地、荒漠、戈壁、冰川、高山冻原、无居民海岛等。

在本次研究中生态空间主要是指具有自然属性、以提供生态产品或生态服务为主导功能的国土空间，除了涵盖需要保护和合理利用的森林、草原、湿地、河流、湖泊、滩涂、岸线、海洋、荒地、荒漠、戈壁、冰川、高山冻原、无居民海岛等之外，本研究依据《生态保护红线划定指南》（环办生态〔2017〕48号）和《生态文明建设标准体系发展行动指南（2018—2020年）》，将生态空间研究范围限定为生态保护红线与各类自然保护地。

1.3.2 生态空间管控

管控解释为管理控制，生态空间管控顾名思义是对生态空间进行的一种管理与控制的手段。目前，生态空间管控明确以践行“绿水青山就是金山银山”的理念作为核心指导思想。

在本研究中生态空间管控内涵是指以提供生态产品和重要特殊生态功能为主体的国土空间为对象，综合考虑经济、社会、生态三维目标的可持续发展，同时将土地、资本、劳动力、技术、信息等生产要素囊括在整体地域管控理念中，对其演变发展以及组成要素进行管理和调控。其目的是建立生态空间管理的框架，促进资源之间合理配置，调节区域主体间利益的冲突，通过协调各部门，提高运行效益，实现区域生态功能高效发挥。

1.3.3 生态保护红线

在《生态保护红线划定指南》（环办生态〔2017〕48号）中提出，生态保护红线是指在生态空间范围内具有特殊重要生态功能、必须强制性严格保护的区域，是保障和维护国家生态安全的底线和生命线，通常包括具有重要水源涵养、生物多样性维护、水土保持、防风固沙、海岸生态稳定等功能的生态功能重要区域，以及水土流失、土地沙化、石漠化、盐渍化等生态环境敏感脆弱区域。

1.3.4 自然保护地

受保护的区域被称为保护地，建立保护地是世界各国保护自然的通行做法。世界自然保护联盟（IUCN）对保护地有明确的定义：保护地是一个明确界定的地理空间，通过法律或其他有效方式获得认可、得到承诺和进行管理，以实现对自然及其所拥有的生态系统服务和文化价值的长期保护。由于保护地主要指受到保护的自然区域，根据其内涵，一般称其为自然保护地，以便和人工的保护区域相区别。自然保护地是指以保护特定自然生态系统和景观为主要目的的土地空间，包括国家公园、自然保护区、风景名胜区、森林公园、湿地公园、地质遗迹等。

（1）国家公园：在中共中央办公厅、国务院办公厅印发的《建立国家公园体制总体方案》中指出：国家公园是指由国家批准设立并主导管理，边界清晰，以保护具有国家代表性的大面积自然生态系统为主要目的，实现自然资源科学保护和合理利用的特定陆地或海洋区域。

（2）森林公园：在《森林公园管理办法》（1994 年 1 月 22 日林业部令第 3 号，2011 年 1 月 25 日国家林业局令第 26 号修改，2016 年 9 月 22 日国家林业局令第 42 号修改）中指出：森林公园是指森林景观优美，自然景观和人文景物集中，具有一定规模，可供人们游览、休息或进行科学、文化、教育活动的场所。森林公园分为以下三级：①国家森林公园：森林景观特别优美，人文景物比较集中，观赏、科学、文化价值高，地理位置特殊，具有一定的区域代表性，旅游服务设施齐全，有较高的知名度。②省级森林公园：森林景观优美，人文景物相对集中，观赏、科学、文化价值较高，在本行政区域内具有代表性，具备必要的旅游服务设施，有一定的知名度。③市、县级森林公园：森林景观有特色，景点景物有一定的观赏、科学、文化价值，在当地知名度较高。

（3）湿地公园：在《重庆市湿地公园管理办法》（渝文审〔2014〕18 号）中指出：湿地公园是指以保护湿地生态系统、合理利用湿地资源为目的，可供开展湿地保护、恢复、宣传、教育、科研、监测、生态旅游等活动的特定区域。湿地公园分为国家湿地公园、市级湿地公园、县（区）级湿地公园。

（4）地质遗迹：在《地质遗迹保护管理规定》（1995 年 5 月 4 日地质矿产部第二十一号令发布）中指出：地质遗迹是指在地球演化的漫长地质历史时期，由于各种内外动力地质作用，形成、发展并遗留下来的珍贵的、不可再生的地质自然遗产。

（5）风景名胜区：在《风景名胜区条例》（国务院令第 474 号）中指出：风景名胜区是指具有观赏、文化或科学价值，自然景观、人文景观比较集中，环境优美，可供人们游览或进行科学、文化活动的区域。

（6）自然保护区：在《中华人民共和国自然保护区条例》（国务院令第 167 号）中指出：自然保护区是指对有代表性的自然生态系统、珍稀濒危野生动植物物种的天然集中分布区、有特殊意义的自然遗迹等保护对象所在的陆地、陆地水体或海域，依法划出一定面积予以特殊保护和管理的区域。自然保护区分为核心区、缓冲区和实验区。自然保护区内保存完好的天然状态的生态系统以及珍稀、濒危动植物的集中分布地，为核心区，禁止任何单位和个人进入；除依照本条例第十七条的规定经批准外，也不允许任何单位和个人进入从事科学研究活动。核心区外围可以划定一定面积的缓冲区，只准进入从事科学研究观测活动。缓冲区外围划为实验区，可以进入从事科学试验、教学实习、参观考察、旅游以及驯化、繁殖珍稀、濒危野生动植物等活动。

1.4 生态空间管控对象及范围界定

1.4.1 管控对象

《自然生态空间用途管制办法（试行）》（国土资发〔2017〕33 号）中指出，生态空间管控的对象一般是指具有自然属性、以提供生态产品或生态服务为主导功能的国土空间，包括需要保护和合理利用的森林、草原、湿地、河流、湖泊、滩涂、岸线、海洋、荒地、荒漠、戈壁、冰川、高山冻原、无居民海岛等。

本研究对生态空间管控的对象分为以下三类：①具有自然属性、以提供生态产品或生态服务为主导功能的国土空间。在本研究中生态空间管控对象主要是指生态保护红线与各类自然保护地。②管理部门。对国土空间的管理由各级管理部门落实，对各级管理部门的管控是保障国土空间管控落地的有效保障。③群众。群众了解生存环境的变迁过程以及目前存在的问题，并且其生存空间的变动与其利益密切相关，因此他们是最具有发言权的群体。公众对生态空间的保护意识以及公众在生态空间的各种行为也是生态空间管控的主要方向。

1.4.2 管控范围

自然生态空间范围很广，在生态价值、利用方式上也存在很大差异，有些自然生态空间严格禁止进入和利用，有些自然生态空间可以在保障生态功能的同时适度利用。因此，明确生态空间的管控范围为推进生态文明领域国家治理体系和治理能力现代化建设提供了制度保障。

生态保护红线就是在生态空间范围内划定的，具有特殊重要生态功能、必须强制性严格保护的区域，通常包括具有重要水源涵养、生物多样性维护、水土保持、防风固沙、海岸生态稳定等功能的生态功能重要区域，以及水土流失、土地沙化、石漠化、盐渍化等生态环境敏感脆弱区域。自然保护地是生态空间最重要、最精华、最核心的组成部分，是对有代表性的自然生态系统、珍稀濒危野生动植物物种的天然集中分布区、有特殊意义的自然遗迹等保护对象所在陆地、陆地水体或海域，依法划出一定面积予以特殊保护和管理的区域。本研究中，把生态空间管控的范围分为以下几个区域：①生态保护红线范围内的空间；②各类自然保护地范围内的空间；③除生态保护红线内、自然保护地内、农业空间、城镇空间之外的所有国土空间。本书的研究范围主要为前两部分。具体如图 1-1 所示。

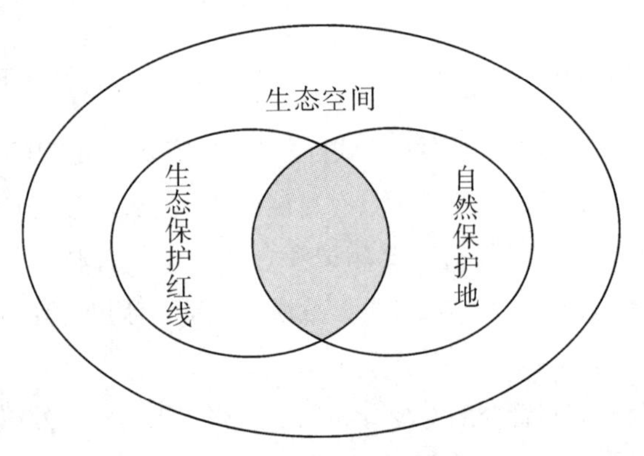

图 1-1　生态保护红线、自然保护地及生态空间关系

1.5 国家生态空间管控政策梳理

推进自然生态空间用途管控，是健全国土空间用途管控制度的重要内容，是构建国土空间开发保护制度的重要手段。党的十八届三中全会《全面深化改革若干重大问题的决定》明确提出，“划定生产、生活、生态空间开发管制界限，落实用途管制”。《中共中央 国务院关于加快推进生态文明建设的意见》中要求，“健全用途管制制度，明确各类国土空间开发、利用、保护边界”。中共中央、国务院印发的《生态文明体制改革总体方案》对自然生态空间管控制度建设作出明确部署，国务院将“制定自然生态空间用途管制办法”列为经济体制改革的重点工作。

1.5.1 生态空间管控机制

对生态空间管控机制的政策进行梳理研究，如表1-1所示。

表1-1 生态空间管控机制政策

文件名称	管控政策
《中华人民共和国自然保护区条例》	自然保护区分为核心区、缓冲区和实验区。核心区，禁止任何单位和个人进入，也不允许进入从事科学研究活动。缓冲区，只准进入从事科学研究观测活动。实验区，可以进入从事科学试验、教学实习、参观考察、旅游以及驯化、繁殖珍稀、濒危野生动植物等活动
《国务院关于印发“十三五”生态环境保护规划的通知》（国发〔2016〕65号）	①强化生态空间管控，要全面落实主体功能区规划，强化主体功能区在国土空间开发保护中的基础作用，推动形成主体功能区布局。依据不同区域主体功能定位，制定差异化的生态环境目标、治理保护措施和考核评价要求 ②重点开发区域加强环境管理与治理，大幅降低污染物排放强度，减少工业化、城镇化对生态环境的影响，改善人居环境，努力提高环境质量。优化开发区域引导城市集约紧凑、绿色低碳发展，扩大绿色生态空间，优化生态系统格局。实施海洋主体功能区规划，优化海洋资源开发格局
《关于划定并严守生态保护红线的若干意见》	①要确立生态保护红线优先地位。生态保护红线划定后，相关规划要符合生态保护红线空间管控要求，不符合的要及时进行调整 ②空间规划编制要将生态保护红线作为重要基础，发挥生态保护红线对于国土空间开发的底线作用
《自然生态空间用途管制办法（试行）》（国土资发〔2017〕33号）	①科学规划、统筹安排荒地、荒漠、戈壁、冰川、高山冻原等生态脆弱地区的生态建设，因各类生态建设规划和工程需要调整用途的，依照有关法律法规办理转用审批手续 ②在不改变利用方式的前提下，依据资源环境承载能力，对依法保护的生态空间实行承载力控制，防止过度垦殖、放牧、采伐、取水、渔猎、旅游等对生态功能造成损害，确保自然生态系统的稳定

表1-1(续)

文件名称	管控政策
《重庆市生态保护红线》(渝府发〔2018〕25号)	①要确立生态保护红线优先地位，实行严格管控。各区县和有关部门要将生态保护红线作为编制空间规划的基础和前提，相关规划要符合生态保护红线空间管控要求，不符合的要及时进行调整 ②要建立常态化巡查、核查制度，严格查处破坏生态保护红线的违法行为，确保生态保护红线生态功能不降低、面积不减少、性质不改变
《关于在国土空间规划中统筹划定落实三条控制线的指导意见》	①按照生态功能划定生态保护红线。生态保护红线是指在生态空间范围内具有特殊重要生态功能、必须强制性严格保护的区域。优先将具有重要水源涵养、生物多样性维护、水土保持、防风固沙、海岸防护等功能的生态功能极重要区域，以及生态极敏感脆弱的水土流失、沙漠化、石漠化、海岸侵蚀等区域划入生态保护红线 ②对自然保护地进行调整优化，评估调整后的自然保护地应划入生态保护红线。自然保护地发生调整的，生态保护红线相应调整。生态保护红线内，自然保护地核心保护区原则上禁止人为活动，其他区域严格禁止开发性、生产性建设活动，在符合现行法律法规前提下，除国家重大战略项目外，仅允许对生态功能不造成破坏的有限人为活动

1.5.2 生态空间管控手段

对生态空间的管控手段进行梳理，如表1-2所示。

表1-2 生态空间管控手段政策

文件名称	管控政策
《中华人民共和国自然保护区条例》	①禁止在自然保护区内进行砍伐、放牧、狩猎、捕捞、采药、开垦、烧荒、开矿、采石、挖沙等活动 ②禁止任何人进入自然保护区的核心区。因科学研究的需要，必须进入核心区从事科学研究观测、调查活动的，应当事先向自然保护区管理机构提交申请和活动计划，并经自然保护区管理机构批准；其中，进入国家级自然保护区核心区的，应当经省、自治区、直辖市人民政府有关自然保护区行政主管部门批准 ③在自然保护区的核心区和缓冲区内，不得建设任何生产设施。在自然保护区的实验区内，不得建设污染环境、破坏资源或者景观的生产设施；建设其他项目，其污染物排放不得超过国家和地方规定的污染物排放标准

表1-2(续)

文件名称	管控政策
《国务院关于印发“十三五”生态环境保护规划的通知》(国发〔2016〕65号)	禁止开发区域实施强制性生态环境保护，严格控制人为因素对自然生态和自然文化遗产原真性、完整性的干扰，严禁不符合主体功能定位的各类开发活动，引导人口逐步有序转移
《关于划定并严守生态保护红线的若干意见》	①实行严格管控，生态保护红线原则上按禁止开发区域的要求进行管理。严禁不符合主体功能定位的各类开发活动，严禁任意改变用途 ②生态保护红线划定后，只能增加、不能减少，因国家重大基础设施、重大民生保障项目建设等需要调整的，由省级政府组织论证，提出调整方案，经环境保护部、国家发展改革委会同有关部门提出审核意见后，报国务院批准。因国家重大战略资源勘查需要，在不影响主体功能定位的前提下，经依法批准后予以安排勘查项目
《自然生态空间用途管制办法（试行）》(国土资发〔2017〕33号)	①从严控制生态空间转为城镇空间和农业空间，禁止生态保护红线内空间违法转为城镇空间和农业空间。加强对农业空间转为生态空间的监督管理，未经国务院批准，禁止将永久基本农田转为城镇空间。鼓励城镇空间和符合国家生态退耕条件的农业空间转为生态空间 ②禁止新增建设占用生态保护红线，确因国家重大基础设施、重大民生保障项目建设等无法避让的，由省级人民政府组织论证，提出调整方案，经环境保护部、国家发展改革委会同有关部门提出审核意见后，报经国务院批准。生态保护红线内的原有居住用地和其他建设用地，不得随意扩建和改建 ③禁止农业开发占用生态保护红线内的生态空间，生态保护红线内已有的农业用地，建立逐步退出机制，恢复生态用途 ④严格限制农业开发占用生态保护红线外的生态空间，符合条件的农业开发项目，须依法由市县级及以上地方人民政府统筹安排。生态保护红线外的耕地，除符合国家生态退耕条件，并纳入国家生态退耕总体安排，或因国家重大生态工程建设需要外，不得随意转用
《关于在国土空间规划中统筹划定落实三条控制线的指导意见》	①统一数据基础。以目前客观的土地、海域及海岛调查数据为基础，形成统一的工作底数底图。已形成第三次国土调查成果并经认定的，可直接作为工作底数底图。相关调查数据存在冲突的，以过去5年真实情况为基础，根据功能合理性进行统一核定 ②自上而下、上下结合实现三条控制线落地。国家明确三条控制线划定和管控原则及相关技术方法，省（自治区、直辖市）确定本行政区域内三条控制线总体格局和重点区域 ③协调边界矛盾。三条控制线出现矛盾时，生态保护红线要保证生态功能的系统性和完整性，确保生态功能不降低、面积不减少、性质不改变。目前已划入自然保护地核心保护区的永久基本农田、镇村、矿业权逐步有序退出；已划入自然保护地一般控制区的，根据对生态功能造成的影响确定是否退出，其中，造成明显影响的逐步有序退出，不造成明显影响的可采取依法依规相应调整一般控制区范围等措施妥善处理

1.5.3 生态空间管控保障措施

对生态空间管控保障措施进行梳理，如表 1-3 所示。

表 1-3 生态空间管控保障措施政策

文件名称	管控政策
《国务院关于印发“十三五”生态环境保护规划的通知》（国发〔2016〕65 号）	限制开发的重点生态功能区开发强度得到有效控制，形成环境友好型的产业结构，保持并提高生态产品供给能力，增强生态系统服务功能。限制开发的农产品主产区着力保护耕地土壤环境，确保农产品供给和质量安全
《关于划定并严守生态保护红线的若干意见》	①明确属地管理责任，地方各级党委和政府是严守生态保护红线的责任主体，要将生态保护红线作为相关综合决策的重要依据和前提条件，履行好保护责任，各有关部门要按照职责分工，加强监督管理，做好指导协调、日常巡护和执法监督，共守生态保护红线。建立目标责任制，把保护目标、任务和要求层层分解，落到实处 ②创新激励约束机制，对生态保护红线保护成效突出的单位和个人予以奖励；对造成破坏的，依法依规予以严肃处理。根据需要设置生态保护红线管护岗位，提高居民参与生态保护积极性 ③加大生态保护补偿力度。财政部会同有关部门加大对生态保护红线的支持力度，加快健全生态保护补偿制度，完善国家重点生态功能区转移支付政策。推动生态保护红线所在地区和受益地区探索建立横向生态保护补偿机制，共同分担生态保护任务 ④开展定期评价。环境保护部、国家发展改革委会同有关部门建立生态保护红线评价机制。定期组织开展评价，及时掌握全国、重点区域、县域生态保护红线生态功能状况及动态变化，评价结果作为优化生态保护红线布局、安排县域生态保护补偿资金和实行领导干部生态环境损害责任追究的依据，并向社会公布。 ⑤建立考核机制。环境保护部、国家发展改革委会同有关部门，根据评价结果和目标任务完成情况，对各省（自治区、直辖市）党委和政府开展生态保护红线保护成效考核，并将考核结果纳入生态文明建设目标评价考核体系，作为党政领导班子和领导干部综合评价及责任追究、离任审计的重要参考
《重庆市生态保护红线》（渝府发〔2018〕25 号）	制定修复方案，加大补偿力度。各区县要建立本行政区域生态保护红线台账系统，制定实施生态系统保护与修复方案，优先保护良好生态系统和重要物种栖息地，修复受损生态系统，建立和完善生态廊道，提高生态系统完整性和连通性。要加大生态保护红线管控区域财政资金投入力度，引导社会力量参与生态系统保护与修复

表1-3(续)

文件名称	管控政策
《关于在国土空间规划中统筹划定落实三条控制线的指导意见》	①加强组织保障。自然资源部会同生态环境部、国家发展改革委、住房城乡建设部、交通运输部、水利部、农业农村部等有关部门建立协调机制，加强对地方督促指导。地方各级党委和政府对本行政区域内三条控制线划定和管理工作负总责，结合国土空间规划编制工作有序推进落地 ②严格实施管理。建立健全统一的国土空间基础信息平台，实现部门信息共享，严格三条控制线监测监管。三条控制线是国土空间用途管制的基本依据，涉及生态保护红线、永久基本农田占用的，报国务院审批；对于生态保护红线内允许的对生态功能不造成破坏的有限人为活动，由省级政府制定具体监管办法 ③严格监督考核。将三条控制线划定和管控情况作为地方党政领导班子和领导干部政绩考核内容。国家自然资源督察机构、生态环境部要按照职责，会同有关部门开展督察和监管，并将结果移交相关部门，作为领导干部自然资源资产离任审计、绩效考核、奖惩任免、责任追究的重要依据

国家在生态空间管控机制、管控手段和管控保障措施的政策上，都提出了要强化生态空间管控，扩大绿色生态空间，规划主体功能区的空间布局，减少生态环境污染以及加大生态环境修护力度等要求。在这一系列政策中，相关管控政策在内容上还不够完善和健全：①在生态空间管控上，各个部门的管控职责范围存在重叠部分。②中共中央办公厅、国务院办公厅印发的《关于划定并严守生态保护红线的若干意见》和《关于在国土空间规划中统筹划定落实三条控制线的指导意见》虽然提出了明确属地管理责任，地方各级党委和政府是严守生态保护红线的责任主体，但从总体上看，在生态空间管控中尚未明确管控生态空间的具体主体是谁。③在一系列政策中对生态空间管控的客体、参与者以及受益者等也未进行进一步的明确，相关生态空间管控机制还需进一步统一和完善。

1.6 重庆市生态空间管控目标

清楚认识重庆市生态空间管控的目标是实现重庆市生态空间成功管控的关键。然而，要全面、准确地认识重庆市生态空间管控的目标，就要对国家整体空间管控的目标有全面、准确的认识。因此，本节将对国家整体生态空间管控目标与重庆市生态空间管控目标进行对比研究。

1.6.1 国家整体生态空间管控目标

国家整体生态空间管控目标主要从两个方面进行：一是生态空间管控的数量目标，二是生态空间管控的质量目标。

（1）生态空间数量管控目标

《自然生态空间用途管制办法（试行）》（国土资发〔2017〕33号）中提出：要严格控制各类开发利用活动对生态空间的占用和扰动，确保依法保护的生态空间面积不减少、生态功能不降低、生态服务保障能力逐渐提高。《全国生态保护“十三五”规划纲要》（环生态〔2016〕151号）中指出：①要新建30~50个国家级自然保护区，完成200个国家级自然保护区规范化建设，使全国自然保护区面积占陆地国土面积的比例维持在14.8%左右。②完成生物多样性保护优先区域本底调查与评估，要构建生物多样性观测网络，加大保护力度，保障国家重点保护物种和典型生态系统类型保护率能达到95%。③要推动创建60~100个生态文明建设示范区和一批环境保护模范城，使生态文明建设示范效应达到明显效果。

（2）生态空间质量管控目标

《全国生态保护“十三五”规划纲要》（环生态〔2016〕151号）中指出：到2020年，生态空间质量要有所提升，生态功能要有所增强，保障生物多样性下降速度要得到有效遏制。《“十三五”生态环境保护规划》（国发〔2016〕65号）中明确提出：①要大幅降低污染物排放强度，减少工业化、城镇化对生态环境的影响，提高环境质量。②优化开发区域引导城市集约紧凑、绿色低碳发展，扩大绿色生态空间，优化生态系统格局。《自然生态空间用途管制办法（试行）》（国土资发〔2017〕33号）中提出：①组织制订和实施生态空间改造提升计划，提升生态斑块的生态功能和服务价值，建立和完善生态廊道，提高生态空间的完整性和连通性。②制定激励政策，鼓励集体土地所有者、土地使用单位和个人，按照土地用途，改造提升生态空间的生态功能和生态服务价值。《关于划定并严守生态保护红线的若干意见》中提出：①要基本建立生态保护红线制度，使国土生态空间得到优化和有效保护，生态功能保持稳定，国家生态安全格局更加完善。②到2030年，生态保护红线布局进一步优化，生态保护红线制度有效实施，生态功能能够显著提升，国家生态安全得到全面保障。

同时，《“十三五”生态环境保护规划》（国发〔2016〕65号）中提出：①要依据不同区域主体功能定位，制定差异化生态环境目标、治理保护措施和考核评价要求。②要推动“多规合一”，建立由空间规划、用途管制、差异化绩效考核等构成的空间治理体系。③要全面落实主体功能区的规划，强化主体功能区在国土空间开发保护中的基础作用，推动形成主体功能区布局。

1.6.2 重庆市生态空间管控目标

重庆市生态空间管控目标也主要从两个方面进行：一是生态空间管控的数量目标，二是生态空间管控的质量目标。

（1）生态空间数量管控目标

《重庆市生态保护红线》（渝府发〔2018〕25号）中提出：①实行严格管控，确保生态保护红线生态功能不降低、面积不减少、性质不改变。《重庆市规划局三举措强化渝东南“生态田园”空间指引》中提出：要加强七曜山、白马山等13座主要山体，乌江、郁江等10条主要水系，33处各级自然保护区、生态敏感区等生态空间管制，加快形成“两轴、两片、五廊、多斑块”的生态安全格局，规划到2020年绿色空间占比由68.0%提高到72.9%。

（2）生态空间质量管控目标

《重庆市生态保护红线》（渝府发〔2018〕25号）中提出：①各区县要根据本行政区域生态保护红线分布范围和相关技术规范，对生态保护红线设立统一规范的界桩和标识牌，确保生态保护红线落地准确、边界清晰。②要建立和完善生态廊道，提高生态系统完整性和连通性。③要制定修复方案，加大补偿力度，修复受损生态系统。各区县要建立本行政区域生态保护红线台账系统，制定实施生态系统保护与修复方案，优先保护良好生态系统和重要物种栖息地。

1.6.3 重庆市落实国家下达生态空间管控目标情况

我们通过对一系列法律法规、政策文件的梳理可以发现，国家整体生态空间管控目标主要体现在质量和数量两个方面。首先，在质量管控目标上：①到2020年，要求全面划定生态保护红线，到2030年，生态保护红线制度有效实施。②全面落实主体功能区规划，规范完善生态环境空间管控、生态环境承载力调控、环境质量底线控制等要求。③基本建成监测数据库和监管平台，扩大绿色生态空间。④创建生态文明建设示范区和一批环境保护模范城。其次，在数量管控目标上：①保障全国自然保护区面积占陆地国土面积的比例维持在14.8%左右。②依法保护的生态空间面积不减少，生态功能不降低，生态服务保障能力逐渐提高。③到2020年，新建30~50个国家级自然保护区，完成

200个国家级自然保护区规范化建设。④建立生物多样性观测网络，加大保护力度，保障国家重点保护物种和典型生态系统类型保护率达到95%左右。

重庆市生态空间管控目标主要从以下几点体现。在质量管控目标上：①对生态保护红线设立统一规范的界桩和标识牌，确保生态保护红线落地准确、边界清晰。②建立和完善生态廊道，提高生态系统完整性和连通性。在数量管控目标上：①严格实行管控，确保重庆市生态保护红线生态功能不降低、面积不减少、性质不改变。②规划到2020年，重庆市绿色空间占比由68.0%提高到72.9%。

从整体上看，在国家整体生态空间管控目标下，重庆市生态空间管控目标与国家整体目标基本保持一致。在生态空间质量管控目标方面，国家和重庆市都着重强调要依法保护生态空间面积不减少、生态功能不降低、性质不改变，并逐渐提高生态服务保障能力等要求；在生态空间数量管控目标方面，国家提出要扩大绿色生态空间，重庆市在此基础上进一步细化，规划到2020年，重庆市绿色生态空间占比由68.0%提高到72.9%；在生态保护红线管控目标方面，国家提出到2020年，要全面完成全国生态保护红线划定、勘界定标工作，基本建立生态保护红线制度，重庆市要在此基础上建立本市生态保护红线制度，进一步明确本市生态保护红线，并设立统一规范的界桩和标识牌等。

国家整体生态空间管控目标较为宏观，重庆市在国家生态空间管控政策的指导下，对生态空间管控目标进行了进一步规划和细化，但在以下方面和国家生态空间管控目标的衔接力度还需加强：①在生态空间管控目标的量上，国家明确提出了到2020年新建30~50个国家级自然保护区，完成200个国家级自然保护区规范化建设，保障全国自然保护区面积占陆地国土面积的比例维持在14.8%左右，而重庆市目前在自然保护区这一方面的管控目标没有进行强化，还需要进一步规划。②在生态空间考核评价上，国家提出依据不同区域主体功能定位，制定差异化的生态环境目标、治理保护措施和考核评价要求，而重庆市目前在这方面还需要进一步的实施和完善。

1.7 本章小结

本章首先介绍了对生态空间管控研究的目的与意义，其次主要研究了生态空间管控相关的核心概念、管控对象、管控范围，以及对相关生态空间管控政策进行了仔细梳理，最后分析了重庆市生态空间的管控目标。在生态空间相关核心概念中，除了研究生态空间、生态空间管控、生态保护红线和自然保护地，本章还提出了目前重庆市最新的“一区两群”概念。

通过对生态空间管控政策的梳理发现，相关管控政策还存在以下不足：①在生态空间管控上各个部门的管控职责范围存在重叠部分；②在国家下发的政策文件中虽提出地方各级党委和政府是严守生态保护红线的责任主体，但在生态空间管控中尚未明确管控生态空间的具体主体是谁；③对生态空间管控的客体、参与者以及受益者等也未进一步明确；④生态空间管控保障措施中的生态补偿力度较弱。

通过对国家和重庆市生态空间管控目标的研究发现，重庆市生态空间管控目标与国家整体生态空间管控目标是基本保持一致的。但在生态空间管控目标的量上，重庆市目前在自然保护区这一方面的管控目标还需要进一步规划。在生态空间考核评价上，重庆市目前在制定差异化的生态环境目标、治理保护措施和考核评价要求等方面还需要深入研究和实施。

2 国内外相关研究文献借鉴

当今世界，人口快速增长，如何在人地关系高度紧张的快速城市化地区，在巨大的发展压力和较为脆弱的生态条件下，有效地维护和恢复城市的基本生态系统服务能力，协调城市发展和生态保护之间的矛盾，实现可持续发展与保护，是目前几乎所有城市面临的矛盾和难题。因此，协调处理城乡建设用地和全域生态空间保护二者的矛盾关系，进行有效的生态空间管控势在必行。生态空间管控属于"人地关系"的一块重要领域。国内外学者从空间观点出发，围绕生态空间的界定以及空间管控的内涵、管控对象、生态空间管控的机制等方面，对其理论、研究内容、研究方法与调控手段、实践区域研究等进行了全面的分析。

2.1 生态空间管控内涵相关理论

为了更加清楚地认识生态空间管控的内涵，本章特地从生态空间观点的起源、生态空间理论的演化、生态空间的内涵以及生态空间管控的内涵四个方面进行研究阐述。

2.1.1 空间观点的起源

空间观点是地理科学的一门分支理论，美国地理学者协会主席塔阿菲博士称其为可贵的观点，因为其具有与多学科高度重合的特性，有许多可以与其结合在一起的方法和模型，能够应用到人和环境的关系的问题上，并获得巨大的社会经济效益。

①空间观点最初源于地理学的整体观点。地理学研究者们在试图进行整体大于局部综合的研究过程中，逐渐发现地图的重要性，并对地图上的自然现

象、社会现象、经济现象等现象之间的关系产生了浓厚的兴趣。自此，空间现象开始作为研究者的既定指标融入日常的研究工作中。

②空间观点的初步研究。关于空间观点的论述首次出现在普拉特 1928 年关于伊利生湾的论文中，其对功能区域或联结基地区域进行了具体阐述。随后，直至 20 世纪 40 年代，研究者们才开始尝试在空间研究方面做进一步的实验性分析。

③空间观点的发展。20 世纪 50 年代初，学界在实验性工作的基础上提出了对空间观点的纲领性陈述，包括乌尔曼对空间相互作用的高度关注以及沙菲尔对地理学例外论的驳斥，这一切都源于克斯塔勒、韦伯、杜能等知名学者们对空间理论的重视。

④空间观点的理论体系构建。20 世纪 60 年代，学者们提出的有关空间观点的最重要的积极方面就是跨学科，即其他学科若干分支领域明显地和地理学某些专题结合。1969 年，哈维首先谈到了科学方法和地理学在空间和数理方面发展一个完整的理论体系的必要性。因此，在整个 20 世纪 60 年代，学者们通过同时发展数理技术和理论两方面来完善空间观点的理论体系构建。

2.1.2 生态空间理论的演化

生态空间理论的创立源于学者们对自然生态系统的研究，其涉及要素包括生物多样性、景观格局、空间格局动态变化、生态系统的功能和质量等。随着研究方法的转变以及研究手段的丰富，这一理论逐渐完善。生态空间理论是对生态系统空间关系进行研究的一种理论，主要包括尺度、空间格局和镶嵌动态等。生态空间理论的完成主要经历了三个过程。①生态空间理论的起点。生态空间理论最早起源于 Gause 和 Huffaker 的动物捕食说。随后，Macarthur 和 Wilson 建立的岛屿生物地理学理论，激起了生物保护研究者们对空间过程的强烈兴趣，在很大程度上促进了生态空间理论的发展。②生态空间理论的验证。19 世纪中期，规划师 Frederick 和 Ebenezer 等经过不断反思认为，景观、生态是一个自然生态系统，并开始在规划中尝试融入生态的思想。20 世纪初期，Howard 提出了“田园城市”理念，其描绘理想城市的本质即对生态空间理论的合理性进行了验证。③生态空间理论的完善。随着生物多样性减少、生态系统退化等问题的日益严重，空间格局动态变化受到学术界越来越多的重视。第一，生态学充实生态空间理论转变研究导向。进入 20 世纪 90 年代后，景观生态学和异质种群生态学的发展进一步完善了生态空间理论。生态空间的研究方法也逐渐从传统实验分析走向模型分析，从线性研究走向非线性研究，在丰富其研究方法的同时也使其成为一个更加科学的理论。第二，地图叠加技术为生态空间理论分析提供技术支持。20 世纪初创立的地图叠加技术，为生态空间研究提供了便利和有效的研究手段。它将自然环境要素和社会经济活动要素在空间上进行综合叠加，以获得新的信息要素，从而使各类要素的综合分析更为全面。首次使用地图叠加技术完成具体规划的是美国人 Warren，他在 1912 年首次将一些地图叠加起来，为马萨诸塞州的比勒里卡做了一个开发与保护规划。地图叠加技术也成为如今最为主流的空间分析手段——GIS 空间分析的主要构成原理。第三，生态空间理论的主流分支。关于生态空间的相关研究较多，主要集中于对景观生态学、城市规划和生态系统 3 个方面的研究。

2.1.3 生态空间的内涵

自然生态空间，简称“生态空间”，是指具有自然属性，以提供生态产品或生态服务为主导功能的国土空间，包括需要保护和合理利用的海洋、森林、草原、湿地、荒漠、河流、湖泊、荒地等。“绿水青山就是金山银山”中的“青山”是陆地生态空间的骨骼，“绿水”是陆地生态空间的血脉。进入新时代，党和政府实行“多规合一”，开启全新国土空间规划，而国土空间规划中的生态空间，就是为“绿水青山”量身定制的国土空间。

①生态空间的广义界定。生态空间（ecological space）可以说是生态学理论与空间理论的融合体。广义上，与生物群体活动相联系的一切环境条件均可称为生态空间。

②生态空间在物理空间上的扩展。生态空间的概念表面上看似模糊，但是，当立足于空间角度与物理空间进行对比，生态空间的概念便会非常清晰。物理空间定义为一切事物发生、发展、存在的基础，而生态空间不但具有普通物理空间的一般规律，而且还具有另一种特殊性质与规律，即与生物活动紧密联系。

③生态空间定义的明确。随着生产、生活空间不断的扩张，自然保护区、饮用水源保护区、绿化带、湿地公园、生态公益林等具有生态保护倾向的新的用地形式出现在环保规划和政府批文中，逐步形成区别于生产和生活空间的概念，即生态空间。

④生态空间的功能界定。生态空间是指具有重要生态功能、以提供生态产品和生态服务为主的区域。生态空间虽然不能为人类提供物质产品，但其提供

的生态产品是人类生产和生活的保障。缺乏生态空间，人类生产、生活将无法进行，人类甚至无法生存。

⑤生态空间的主流研究。目前，对生态空间的研究主要包括以下几个方面：生态空间变动与分布研究，不同尺度生态空间结构与演变研究，生态空间管理对策探究。

2.1.4 空间管控的内涵

空间管控是指管控措施作用于不同对象，即对不同范围的空间的管理与调控，这里的范围可大可小，可以是城市，也可以是国家、地区以至全球范围。空间管控可理解为空间土地开发的准入制度及管理制度，为人类的建设活动设置的门槛，对人类行为的监管与控制。因此，空间管控大多通过制定规划政策，引导人类活动，实现区域空间的集约利用、城镇规模的精明增长以及经济社会的高效发展。

①空间管控的考量要素。空间管控的措施综合考虑了经济、社会、生态三维目标的可持续发展，同时将土地、资本、劳动力、技术、信息等生产要素包容在整体地域管控理念中。

②空间管控的核心目标。空间管控的核心目标在于促进区域间资源的合理配置，调节区域主体间利益的冲突，实现区域的发展目标。生态空间管控将管控目标定位于区域的生态环境，建立地域空间管理的框架，通过协调各部门，提高相关部门的运行效益，实现区域生态功能的高效发挥。

2.2 生态空间管控对象相关理论

《自然生态空间用途管制办法（试行）》中提到，自然生态空间是指具有自然属性、以提供生态产品和生态服务为主导功能的国土空间，涵盖范围广。本次研究主要针对生态保护红线和自然保护地进行相关文献梳理以及经验借鉴。

2.2.1 生态红线的内涵

生态红线这一概念是在《国家环境保护“十二五”规划》以及《国务院关于加强环境保护重点工作的意见》等政策文件中明确提出的，这些文件还对陆地及海洋生态环境脆弱敏感区和重点生态功能区等区域划定了生态红线。

①生态红线的定义。“红线”是指在生态空间范围内具有特殊且重要生态功能、必须强制性严格保护的区域，是保障和维护国家生态安全的底线和生命线，通常包括具有重要水源涵养、生物多样性维护、水土保持、防风固沙、海岸生态稳定等功能的生态功能重要区域，以及水土流失、土地沙化、石漠化、盐渍化等生态环境敏感脆弱区域。

②耕地红线的成功之鉴。2008 年，全国土地规划中首次规定了耕地数量不得少于 18 亿亩这一数量，即耕地红线。国家通过占补平衡这一政策来保证耕地的数量，确保耕地红线不被击破，且从之后的实施效果看耕地红线管控效果显著。

③生态红线的发展及战略地位的提升。生态红线由最初的数量控制线，发展为数量空间及制度的控制线，在深圳及珠江三角洲等地区率先提出将红线划分应用在特定的生态空间，使红线拓展到空间领域。《中共中央关于全面深化改革若干重大问题的决定》强化了生态红线的定位，并将其上升为国家战略，使得其向制度和管理层面延伸。

④生态红线划定体系的规范化。2014 年年初环境保护部出台的《生态功能基线划定技术指南》中明确提出，由生态功能基线、环境质量安全基线和资源利用基线三方面共同构成的生态红线体系，是目前为止最全面系统阐述生态红线内涵、理论、划定依据的生态红线体系，是指导各省市进行生态红线划分的重要参考依据。

2.2.2 生态红线的划分

《国务院关于加强环境保护重点工作的意见》提出生态红线划定的迫切需要。科学划定生态红线区域，构建与优化国土生态安全格局，对有效加强生态环境保护与监管、保障生态安全、促进经济社会的全面协调可持续发展具有极为重要的意义。

（1）国际上与生态红线相似的划分案例。①美国国家公园体系。1872 年美国建立世界上第一个国家公园——黄石公园，开创了国外自然资源与历史文化遗迹保护的先河。其目的是维持生态系统的完整性，以便为生态旅游、科学研究和环境教育提供场所。②欧盟特殊保护地体系。1972 年欧盟《鸟类指令》中被划定的保护地，是作为保护候鸟及濒危鸟类的栖息地。③欧盟自然保护区网络。其是欧盟最大的跨界环境保护行动，Nature 2000 在欧洲大陆建立生态廊道，并开展区域合作，以保护野生动植物物种、受威胁的自然栖息地和物种迁移的重要区域。

（2）我国生态红线划定范围的两大类。生态红线是以维护自然生态系统服务、保障国家和区域生态安全为目标，在特定区域划定的最小生态保护空间，其范围主要包括两大类，即重要生态功能区及生态敏感区、脆弱区。

（3）生态红线划分的部分依据和参考。我们依据《全国主体功能区规划》和《全国生态功能区划》以及环境保护规划和各部门专项规划等，再借鉴天津市城市生态控制线、江苏省生态红线划分等已有划分的标准，以法规文件、规划成果、统计年鉴的相关内容和数据作为参考依据，共划分出八大类生态红线区域类型。

（4）生态红线的划分类别。生态空间的类型包括自然保护区、森林公园、水源涵养区、重要风景名胜区、地质遗迹保护区等。其中国家级、省级自然保护区全部纳入生态红线区域；国家级湿地公园、森林公园、风景名胜区、地质公园均作为红线区的范围；重点生态功能区中的重要水源涵养区、饮用水水源保护等区域全部纳入生态红线的范围；重要湖泊，主干河道、南水北调河道以及向重要水源地供水的河道均纳入生态红线区域。

随着相关规划对生态内涵的不断丰富，生态红线理论研究也逐渐展开，我国对生态红线的研究主要集中在对内涵的探究及某些特定区域的划分和生态红线划分方法的探究上。①地理信息系统（GIS）空间叠加分析技术划分。学者许妍、梁斌，通过层次分析法构建指标体系，运用 GIS 进行叠加分析，对环渤海地区进行生态红线范围的圈定划分；饶胜、刘雪华、高吉喜、许妍、左智莉等均在生态功能重要性和生态脆弱性的基础上，运用 GIS 进行空间分析处理，将多个单要素的生态保护空间叠加，最终形成生态红线区域。②按区域范围分层次划分。冯宇等学者在考虑自然区域整体性的基础上，对呼伦贝尔市草原进行了生态红线的划分；燕守广、林乃峰等学者在省域范围内进行了红线区域的划分。在省域范围内进行划分研究的同时，在城市范围内划分生态红线区域的研究有：吕红迪、万军等学者综合考虑大气、水等自然因素，形成大气生态红线、水环境生态红线等生态红线体系，指出了城市划分方法与过程。③景观生态学与划分的有机结合。左智莉等学者在划分出贵港市生态红线的同时，利用景观生态学原理，进行了耕地、林地、水域等在不同生态分区的布局研究。

2.2.3 生态红线的实践研究

目前在对生态红线划分的实践应用中，有两大划分方向，一种是沿着行政区域范围对红线进行划分；另一种是以自然区域完整性为范围，借助 GIS 等空间分析手段进行划分。《国务院关于全面深化改革若干重大问题的决定》中明确了生态红线的概念，并在其上升为国家战略后，开始在内蒙古、江西、广西和湖北四个省和几个试点城市探索生态红线的划分。目前，江苏、湖北、辽宁、山东等省区已对红线进行探索性划分。

①自然区域完整性划分红线的实践应用。广东省颁布实施的《珠江三角洲环境保护规划纲要（2004—2020）》，第一次提出分区调控、差别化管理的策略，即将重要生态功能区、自然保护区、水源涵养区和生态脆弱敏感区等划归为红线控制的策略，并在此基础上又划分出了蓝线和绿线区，以区别于红线区的方法进行调控，这是环境规划领域首次提出完整意义上的生态红线。珠江三角洲的分区调控的实践取得一定成效后，生态红线划分逐步得到认可，山东省、辽宁省等也进行了环渤海的海洋生态红线区的划分。

②行政区域范围划分红线的实践应用。深圳市结合政府规划、保护区规划等划分出生态功能基线，这是第一次在城市范围内划分出生态控制线。2013 年，江苏省率先在省域范围内以地市为基本管理单位明确划出生态红线的范围，在红线区划中取得阶段性成果。江苏省将其生态红线划分成风景名胜区、饮用水水源保护区、特殊物种保护区等十五大类型，以市县为基础进行分级分控管理。2014 年，天津市将红线区域划分成山、河、湖、湿地、公园、林带六大类，确定了不同分区所占比例，其中生态红线区总面积约 1 800 平方千米，占市面积的 15%，进而对相应生态区域进行严格的控制。

③生态红线划分体系的分异。生态红线体系基本形成以生态、水、大气等环境要素系统结构解析为基础，基于污染形成、传输过程等所影响区域的敏感性和脆弱性以及保护区域的重要性差异，确定各区域环境保护强度等级，并以分级管控的措施进行管理。

2.2.4 自然保护地及其主要类型

（1）国际组织与机构中的主要自然保护地类型

梳理国际组织与机构中自然保护地类型，如表 2-1 所示。

表 2-1　国际组织与机构中主要自然保护地类型

世界自然保护联盟（IUCN）	严格的自然保护地	严格保护的原始自然区域
	荒野保护地	严格保护的大部分保留原貌，或者仅有些微小变动的自然区域
	国家公园	保护大面积的自然或接近自然的生态系统
	自然文化遗迹或地貌	保护特别的自然文化遗迹的区域，可能是地形地貌、海山、海底洞穴，也可能是洞穴甚至是依然存活的古老小树林等地质形态
	栖息地/物种管理区	保护特殊物种或栖息地的区域
	陆地/海洋景观保护地	人类和自然长期相处所产生的特点鲜明的区域，具有重要的生态、生物、文化和风景价值
	加以管理的资源保护地	保护生态系统和栖息地、文化价值和传统自然资源管理制度的区域
联合国教科文组织（UNESCO）	人与生物圈保护区	纳入 MBA 计划而在国际上得到公认的、受到保护的、具有代表性的陆地或沿海区域
	世界自然遗产	①构成代表演化史中重要阶段突出例证；②构成代表进行中的生态和生物的进化过程以及陆、水、海生态系统和动植物社区发展的突出例证；③独特、稀有或绝妙的自然现象、地貌或具有罕见自然美的地带；④尚存的珍惜或濒危动植物种的栖息地
	世界地质公园	以其地质科学意义、珍奇秀丽和独特的地质景观为主，融合自然景观与人文景观的自然公园
湿地国际（WI）	国际重要湿地	包含典型性、稀有或独一无二的湿地类型或在物种多样性保护方面具有国际重要性的区域
联合国粮食及农业组织（FAO）	全球重要农业文化遗产	农村与其所处环境长期协同进化和动态适应下所形成的独特的土地利用系统和农业景观，这种系统与景观具有丰富的生物多样性，而且可以满足当地社会经济与文化发展的需要，有利于促进区域可持续发展

（2）我国的主要自然保护地类型

梳理我国自然保护地类型，如表 2-2 所示。

表 2-2　我国主要自然保护地类型

批准设立部门	保护地类型	定义或说明
国务院	国家自然保护区	对有代表性的自然生态系统、珍稀濒危野生动植物物种的天然集中分布区、有特殊意义的自然遗迹等保护对象所在的陆地、陆地水体或海域，依法划出一定面积与以特殊保护和管理的区域
	国家风景名胜区	具有突出普遍价值的对人类文化、历史有重要意义的风景优美的陆地、河流、湖泊或海洋景观
环保部	重点生态功能区	对优化国土资源空间格局、坚定不移的实施主体功能区制度、推进生态文明制度建设所划定的重点区域
	水源保护区	国家对某些特别重要的水体加以特殊保护而划定的区域
国土部	国家地质公园	以具有国家及特殊地质科学意义、较高的美学观赏价值的地质遗迹为主体，并融合其他自然景观与人文景观而构成的一种独特的自然区域
农业部	农业种质资源保护区	对选育农作物新品种的基础材料进行保护及育种试验的区域，包括农作物的栽培种、野生种和濒危稀有种的繁殖材料，以及利用上述繁殖材料人工创造的各种遗传材料，其形态包括过时、籽粒、苗、根、茎、叶、芽、花、组织、细胞和DNA、DNA 片段及基因等有生命的物质
	中国重要农业文化遗产	人类与其所处环境长期协同发展中，创造并传承至今的独特的农业生产系统，这些系统具有丰富的农业生物多样性、传统知识与技术体系和独特的生态与文化景观等
国家林业局	林业种质资源保护区	对林木的种植材料或繁殖材料，包括籽粒、果实、根、茎、苗、芽、叶、花等物质材料进行保护、选育及实验的区域
	国家森林公园	森林景观特别优美，人文景观比较集中，观赏、科学、文化价值高，地理位置特殊，具有一定的区域代表性，旅游服务设施齐全，有较高的知名度，可供人们游览、休息或进行科学、文化、教育活动的场所
	国家湿地公园	以保护湿地生态系统、合理利用湿地资源、开展湿地宣传教育和科学研究为目的，并可供开展生态旅游等活动的湿地，可以建立湿地公园

表2-2(续)

批准设立部门	保护地类型	定义或说明
国家林业局	国家沙化土地封禁保护区	①纳入全国防沙治沙规划中确定的封禁保护范围的沙化土地；②生态区位重要，对周边地区乃至全国生态状况有明显影响的沙化土地；③存在人为活动，且人为活动对生态破坏比较严重的沙化土地；④受自然技术资金等因素制约，目前尚不具备治理条件及因保护生态需要不宜开发利用的沙化土地；⑤地域上相对集中连片，面积在 100 平方千米以上的沙化土地
水利部	水利风景区	以水域或水利工程为依托，具有一定规模和质量的风景资源与环境条件，可以开展观光、娱乐、休闲、度假或科教活动的区域
	水土流失重点防治区	①重点预防保护区：水土流失较轻，林草覆盖度较高，但存在水土流失加剧的潜在危险，主要为次生林区、草原区、重要水源区、萎缩的自然绿洲区等重点预防保护区；②重点监督区：资源开发和基本建设活动较集中和频繁，损坏原地貌易造成水土流失，主要为矿山集中开发区、石油天然气开采区、特大水利工程库区、交通能源等基础设施建设区以及在建的国家特大型工程区等重点监督区；③重点治理区：原生的水土流失较为严重，对当地和下游造成严重水流失危害，主要为大江、大河、大湖的中上游地区为主的重点治理区
国家海洋局	自然海岸线	岸线是海洋与陆地的分界线，具有重要的生态功能和资源价值，是发展海洋经济的前沿阵地

2.2.5　自然保护地的分类

1956 年，中国科学院在鼎湖山建立了我国第一个自然保护区，随后有关部门和单位根据生态保护工作需要，陆续建立了不同类型的自然保护地。虽然我国自然保护地类型多样，但其保护性质与级别存在一些差异，同一种保护类型也由于功能区划分而表现出不同的保护要求。参照 IUCN 保护地管理体系，按照各保护地划定部门对其的划定标准及定义，我们尝试将上述保护地或其功能区域分为以下三类：①严格保护型。此类保护地具有极其重要的生态功能及价值，但区域较为脆弱，抵抗力稳定性相对较弱，需要对其进行强制性的严格保护，确保区域内部原生境保留完好，区域性质无改变，生物多样性不减少，生态功能不退化，区域面积不缩小。这一类型主要包括：严格的自然保护地以及荒野保护地、国家公园、栖息地/物种管理区、人与生物圈保护区、世界自然遗产、国际重要湿地、国家自然保护区、重点生态功能区、水源保护区、农业/林业种质保护区、国家沙化土地封禁保护区等保护地的核心区。②保护为主型。此类保护地具有非常重要的生态功能及价值，且具有一定的抵抗力稳定性和恢复力稳定性，在其区域内部的工作应当以保护为主，在保证区域内部生态系统生态功能不退化、生物多样性不减少、面积不缩减的前提下，可以适当开展以生态保护宣传和科学研究为目的的科学实验和文化游览活动。这一类型主要包括：荒野保护地、国家公园、栖息地/物种管理区、人与生物圈保护区、世界自然遗产、国际重要湿地、国家自然保护区、重点生态功能区、水源保护区、农业/林业种质保护区、国家沙化土地封禁保护区等保护区除核心区以外的区域，自然文化遗迹或地貌、陆地/海洋景观保护地、国家森林公园、国家湿地公园的核心区和缓冲区，加以管理的资源保护地、自然岸线和国家风景名胜区的核心区，国家公益林的一级公益林。③保护开发并重型。此类保护地具有重要的生态功能及价值，在其区域内部工作时，应当保护与开发并重，在保证区域内部生态系统生态功能不退化、生物多样性不减少、面积不缩减的前提下，以开展生态保护宣传和文化教育及维持生态系统可持续性为目的，对区域进行适度开发和可持续管理，在其内部进行适度的观光、娱乐、休闲、文化教育、生产等活动。这一类型主要包括：加以管理的资源保护地中除核心区以外的区域、重要农业文化遗产地全域、水利风景区全域等其他不属于严格保护型生态保护地和保护为主型生态保护地的保护地区域。

2.3　生态空间管控机制

生态空间管控机制是生态空间研究的重要内容之一，本小节从生态空间管控的对象、生态空间管控的内涵、生态空间管控面临的难题以及生态空间管控的政策和市场机制展开研究。

2.3.1　空间管控机制内涵

经济社会的快速发展会加速地区空间结构的转变，结构转变过程中造成空间冲突现象是空间管控的重要原因。我们只有深入了解冲突的现象与原因，才能为解决空间不均衡问题提出更为有效的解决措施。①空间管控机制的组成以及运作机理。空间管控以制约机制，监督机制和激励机制为基础。现有文献中提到管控主要是在空间冲突研究中运用管控理念，通过政府、企业、公众多种利益集团的相互沟通、相互制约、以求实现区域资源的合理配置。应用以协调制约机制的管控，对缓解区域管控中的各种空间矛盾问题具有重要作用。②空间管控目的明确，保障生态功效。生态空间的管控建立在合理保护机制的基础上，应明确管控主体、对象以及管控手段；应充分考虑区域主体的利益，促进其作为区域管控主体实施，促进区域管制能力和管制水平的提高；应健全各项保障措施，制定符合生态红线特征的政策机制，形成区域管控的循环过程，充分保障其发挥应有的生态功效。③空间管控统筹协调，保证高效发挥。管控过程中应协调管控主体在有机组合过程中发挥作用的过程和方式。健全管控机制，才能保证空间管控的合理有效，各协同部门的高效发挥。

生态空间变动可分为占用或恢复两种，生态空间占用主要表现为林地的退蚀，土地的开发及水域的消失，而退耕还林还草还湖、自然保护区、湿地保护区等相关区域保护是生态空间舒张的主要途径。①生态空间变动以被占用为主导。在目前经济社会快速发展的状态下，传统的生产空间布局，重视经济，忽视生态、社会效益，大力发展二、三产业，在生产空间规模不断扩大的同时由于管理的缺乏，生产空间低效开发，而利用率较低导致生态空间被任意地、无节制地占用。生产空间对生态空间的明显挤压，最终会使得区域空间的生态承载力降低。②生态空间变动以恢复为次要。生态恢复是与生态空间占用相对应的生态空间变动模式，生态恢复的规模是由当地生产力、产业结构和经济发展水平决定的。在生产力和经济不发达地区，当地居民主要依靠自然资源进行生存，进行生态恢复的空间相对较小。③生态空间变动的研究。第一，生态空间占有机制研究。徐中民、吕嘉、王玉山等学者提出通过对生态空间占有需求同生态承载力进行比较，可判断地区的生态消费是否处于生态承载力的范围内。第二，城市生态空间演化研究。城市生态性用地时空和质量演化过程及机制研究，陈爽等学者以南京市为例利用 GIS 软件分析城镇生态空间分散化的趋势；范益群、许海勇等学者以济南市为例，指出城市地下空间利用要结合考虑地质环境、地下水环境、大气环境、环境振动等因素，构建合理的地下生态空间。

2.3.2 生态空间管控面临的难题

人类社会经济高速发展的同时，生态空间的过度开发与利用也同时发生，生态破坏和生态安全面临威胁亦会反过来对整个经济社会的发展产生制约。大多数地区生态恶化易发生，但恢复重建困难重重。随着区域经济社会的快速发展和各类资源开发强度的不断加大，主要生态功能受威胁严重，将成为影响区域生态安全的重要因素。

①资源开发与生态环境的严峻冲突。随着工业化以及快速推进的城市化，资源环境问题日益严峻，不合理开发使一些区域植被覆盖率降低。加上矿产资源的不合理和高强度开发，山地生态系统退化明显，这将直接影响到生态系统结构的完整性，并降低其生态功能的有效性。原生态空间面积大大缩减。

②空间管理不合理带来“城市病”。在人类不断拓展生产生活空间、压缩生态空间的同时，空间管理规划领域无序、盲目扩张现象则更加突出，造成了更为严重的“城市病”。吞噬北方的沙尘暴或持续雾霾天气，或者华南一带酸雨、洪水等问题，都反映出目前空间管控的不合理以及生态空间的缺失现状。

③人类影响力增大制约生态系统的发挥。随着人口压力的增大以及人类对环境影响力的加大，某些脆弱的生态系统难以发挥其基本的生态功能。例如，山地河流组成的生态系统，在这类生态系统中，物质基本上是从山地坡面向河流单向流动，因此先天就比较脆弱。人类活动造成的植被破坏导致水土流失，加速了物质从山地向河流运输的强度。其结果导致长期的水土流失引起营养物质大量外流，土地贫瘠化，水土保持能力下降，生态恶化。

④基础设施落后制约保护生态功能的有效性。发展较为迟缓的地区，地方经济以农业为主，城镇化水平较低，交通设施建设滞后，区域环境基础设施如生活污水处理、生活垃圾处置等基础设施建设滞后于经济社会的发展，综合治理能力薄弱。加之落后的生产生活方式造成了区域生态功能破坏；条块式的管理方式阻碍了整体性保护；监管能力薄弱，执法不严，管理不力，致使生态环境破坏的现象屡禁不止，加剧了生态环境的退化。

2.3.3 生态空间管控政策机制

生态红线的管理涉及林业、水利、生态环境、国土、海洋、渔业等政府相关部门，要维持作为公共物品的特殊属性的生态红线区域，必须要有后续的资金支持，这就离不开财政等相关部门的财政支持。作为重要生态空间的生态红线区的管控必须有省、市等各级政府相关部门的积极参与，因此要使各部门共同参与生态红线制度的实施，明确任务分工，构建有效的协调机制。

学者们普遍认为生态红线制度协调机制主要包括：成立生态红线专家委员会、生态红线制度实施领导小组，形成协调管理的组织框架，明确职责权限，健全机制，加强协调实施能力，真正保证生态红线的有效实施。采取此管控机制能更好地适应当前的政治体制特点与制度实施的需求，为各部门的交流协作搭建更好的平台，能够提高生态红线制度实施过程中处理问题的效率和科学性。①成立生态红线专家委员会。为了保障生态红线的科学划定并进行科学合理的管控，管理部门应成立由生态学、地理学、经济学、法学等领域的技术专家组成的专项负责生态红线的专家委员会。生态红线专家委员会应专门接受生态红线实施管理部门的委托，综合进行技术领域的相关研究与策划等技术工作：负责生态红线的划定、具体实施等方面的工作以及进行咨询和调研，为政府决策管理提供科技服务及建议。②成立生态红线管控领导小组。生态红线管控小组应定期召开成员会议，不定期召开专题会议，协调生态红线制度实施工作，研究解决生态红线具体实施过程中遇到的难点问题等。领导小组在生态红线区的管控上具有决定权，独立于政府各分管部门，在红线区域的管理过程中任何部门不得干涉。领导小组的主要职责为：组织审查生态红线区域相关保护规划；组织和协调相关各部门履行保护管理的有关职责；商讨决定生态红线制度实施中遇到的问题；负责监督生态红线的生态效益以及接受群众的监督工作。

生态保护红线作为管控的重点具有数量多，类别繁杂，范围广等特点。为保证管控体系的高效运作，生态保护红线的管控应坚持三维管控，分区、分级、分类管控是应用类型较多的管控途径。①按生态功能类型的区域实施不同程度的管制措施。一般来说，只有生态功能极为重要的区域或者生态敏感脆弱区才会纳入生态红线保护的区域。其基本为零的环境容量，使得这类区域需采取最严格的管制政策。②生态红线区域根据主导功能种类的细化。根据生态本底条件划分不同等级，管理部门要坚持以自然保护为根本的核心保护区为主体，严格控制人为活动，部分外围缓冲地区只允许少量与自然生态保护功能相关的基础设施的建设。生态保留区或适度发展区，以减调人口、缩减人类开发活动为主，实施较为严格的管制政策，以不破坏生境为前提进行相应的活动，如原生态环保农业、生态旅游或科研考察等，禁止任何类型的开发型工业企业进入。③制定具体管控条目，从实质上限制生态红线区的人类活动。无论是核心区还是缓冲区抑或生态保留区，由于本地区生态环境的重要性或脆弱性，纵使允许在生态保留区进行适当的生态活动，但对此类地区也不鼓励人口过多、过快的增长。管理部门必须要依据区域环境条件及资源禀赋条件制定更为具体的管控条目，保证生态功能的正常发挥。④生态区域不同管控级别的划分。目前对于各类型的生态保护区，国家相关部门均划分出不同级别的类型：以自然保护区为例，根据生态重要性、敏感性等指标，依据不同资源禀赋，将其进行不同级别的划分，已划分出国家、省、市和县级自然保护区四大类，分别施行不同级别的保护管制措施；按此种划分措施，湿地公园、森林公园等重要生态区域也建立了国家级和省级之分，以便更有效地进行分级分类管控。生态红线区域是一种底线形式的管控模式。目前根据重要性指标纳入红线管控的区域，必须要施行最严格的最高级别的管控模式。⑤跨区管控的现实意义。跨区管控是生态空间科学合理管理的重要方式之一，由于生态系统跨区域性的特征，必须要打破原有体制的行政区划，以自然生态系统完整为基础，建立独立的生态红线管理部门机制，全面协调控制生态红线区域的保护，综合考虑各地区经济社会的发展状况，制定合理的措施，对生态红线区域进行管理。

2.3.4 生态空间管控市场机制

市场机制的导向与生态空间管控有着密不可分的联系，建立良好的市场机制对生态保护具有极佳的增益效果。同时，管理部门也可以利用一系列市场机制层面的手段对有碍于生态空间保护的现象进行惩治，达到管控目的。①培育环境治理和生态保护市场主体，建立完善生态环保机制；废止妨碍形成统一市场和公平竞争的规定和做法，鼓励各类投资资本进入环保市场；通过政府购买服务等方式，加大对环境污染第三方治理、合同能源管理、合同节水管理和第三方提供环境监测、环境监管等服务的支持力度，建立吸引社会资本投入生态环保的市场化机制；建立政府生态环保投资稳定增长机制，完善财政资金补助方式，逐步从“补建设”向“补运营”转变。②完善落实财税价格政策，达到奖惩并重的效果；完善土地、矿产等资源有偿使用制度，进一步改革完善矿山环境治理和生态恢复保证金机制；逐步开展施工扬尘、VOCs 排污收费；加大对节能减排、绿色能源产业的财税扶持力度，鼓励和支持企业为改善环境加快转产、搬迁、关闭；依法落实国家环境保护、节能节水、资源综合利用等方面的税收优惠政策，鼓励节约用水、用电、用气。③拓展资源环境交易，规范市场化交易。拓展资源和环境交易市场，开展用能权、用水权、排污权、碳排放权等市场化交易。④推进金融体制改革，发展绿色评估体系。协助企业开展排污权、特许经营权、购买服务协议质（抵）押等担保贷款业务；发展绿色信贷，建立企业环境行为信用评价体系；鼓励涉重金属、医药化工、危险化学品运输等高环境风险行业投保环境污染责任保险。

2.4 生态空间管控手段

对生态空间管控手段的认识对进行生态空间管控十分重要，本部分对生态空间管控的主要手段进行全面梳理和研究，同时对生态空间管控手段现状进行总结。

2.4.1 生态空间管控动态监测手段

由于用地结构随经济社会不断发生改变，人类活动等的影响使得生态脆弱区、敏感区以及生态功能重要区的区域范围发生变动。由于参考依据范围的变动必然使生态功能红线划定及范围变动，所以红线划定是动态过程，红线区域的面积应随区域生态功能重要性的增强以及国土空间不断的优化而变化，管理部门应对其进行及时调整以确保基本生态功能的有效发挥，不断改善区域环境。①搭建动态监测平台，实时监测及把控。有学者认为要高效地对国土空间的利用进行随时勘察与评估，就需要借助 GIS 以及遥感技术（RS）等信息技术搭建动态监测平台，将生态红线分布地区、面积、功能类型、管控级别录入系统，定时监测生态用地的变动，明确生态空间的边界变动，注意对生态红线区的追踪监测和及时订正等；通过构建信息平台进行相应的管理，使得红线区域得到更及时、更具有针对性和更加切实有效的维护。②优化环境监测站点，落实污染源监测制度。优化水、大气、土壤、噪声、辐射等环境质量监测点位，落实重点污染源监测制度，形成布局合理、功能完善的生态环境监测网络。③落实环境监测共享机制，构建大数据平台。落实生态环境监测数据集成共享机制，整合生态环境、自然资源、水利、农业、林业、卫生等部门的生态环境监测数据，构建全市生态环境监测大数据平台。④配备先进监测设备。推进环境监测标准化建设，配备先进、适用的生态环境监测仪器装备，在强化现有水、气、声监测能力的基础上，重点提升核与辐射、地下水、土壤、生态、VOCs 等薄弱环节的监测能力。⑤推动监测服务改革，对重点环节实施动态监测。推动环境监测社会化服务改革，支持和指导第三方环境监测服务机构发展，对重点污染源实施在线监测。

2.4.2 生态空间管控法律法规手段

生态空间管控离不开法律方面的支持和保障，完善的法律体系和严格的执法力度是生态空间管控落到实处的关键。梳理现有文献，生态空间管控的法律法规手段可分为完善联合执法机制、加大执法力度、强化司法保护、加强普法教育四点。①完善联合执法机制。按照中央要求和市政府部署，改革生态环境管理体制，实行环保机构监测、监察垂直管理制度；加强环境保护、能源监察、安全生产等重点领域基层执法力量，建立权责统一、权威高效的生态文明行政执法体制；建立健全跨行政区域、跨部门的生态环境执法合作机制和部门联动执法机制，开展联合执法、区域执法、交叉执法；自然资源、生态环境、发展改革、财政、公安、监察、城乡建设、农林、水利等相关部门严格履行各自职责，加强协调配合，注重多要素、多区域、多领域联动防治协调机制，形成共同推进生态文明建设合力。②加大执法力度。坚决清理和废除阻碍环境执法的"土政策"，加大对污染环境、侵占资源、破坏生态等违法行为的查处力度；对违法排污拒不改正的依法实施按日计罚，对造成或可能造成严重污染的污染物排放设施设备依法进行查封、扣押，对未批先建及未经许可排污拒不改正、通过逃避监管方式违法排污等行为，依法予以惩处；推进公正廉洁文明执法，强化网格化监管，推进环境监管信息化建设；加强环境监管执法信息公开，拓展环境违法行为监督渠道，强化监督与责任追究，开展阳光执法。③强化司法保护。健全完善环境行政执法与刑事司法衔接机制，加强环境行政执法与刑事司法联动；建立健全生态环境、公安环境执法联动协作机制，完善生态环境案件移送、联合调查、信息共享等机制，及时移送环境违法案件线索，加强协作配合，定期开展严厉打击环境污染违法犯罪行为专项行动；对造成生态环境损害的责任者严格实行赔偿制度，依法追究行政、刑事责任和有关连带责任；鼓励社会组织、公民依法提起公益诉讼和民事诉讼。④加强普法教育。深入开展生态法治宣传教育，将积极宣传《中华人民共和国环境保护法》《中华人民共和国大气污染防治法》《"两高"关于办理环境污染刑事案件适用法律若干问题的解释》等生态文明法律法规纳入普法工作的重点，营造全民学法守法的良好氛围，增强全民保护生态环境的法治意识；发挥区委党校、区行政学校等阵地作用，将生态法治教育纳入干部教育培训计划，提高领导干部运用法治思维和法治方式推动生态文明建设的能力；强化企事业单位和其他生产经营者环保主体责任意识，提高从业人员诚信守法、依法经营的环保责任观念。

2.4.3　生态空间管控公共参与手段

有学者认为公众作为社会成员的主体，是法律法规等机制的约束对象，公众积极主动的参与体制机制的制定、管理、监督等环节可以确保相关制度的顺利实施。因此，健全公众参与机制是维持生态空间高效、可持续发挥作用而建立的一种社会制衡的长效机制，对生态红线的具体实施具有重要意义。①生态空间管控始终要处理好与民众的矛盾。在生态红线空间的管理中，由于保护区的生态属性对经济属性的限制必然会制约周边社区发展经济的要求，这一矛盾如若处理不当，会贯穿整个生态空间管控的过程，影响对这类地区的管理，甚至会爆发冲突，这就使得生态红线空间管理必须要共同探讨、依靠民众。②管控过程中要密切关注群众的呼声。公众参与是民众主动参与政府管理的过程，是一种自下而上参与政府相关决策以及管理等过程的方式。民众了解生存环境的变迁过程以及目前存在的问题，并且其生存空间的变动与其利益密切相关，因此他们是最具有发言权的群体。③完善民众参与机制，保持互动。政府在努力提高民众生活水平的同时，应尽可能满足民众对良好生态环境的需要，而这就必须要构建畅通的民众参与渠道与平台，完善参与机制，使群众得以参与生态保护的工作，并且还要加大资金保障，为周围居民创造机会，推动生态游等形式保障其利益。④政府推广生态空间保护的公共参与政策，加强监督公众参与。政府应建立相关信息化平台，及时、准确公布生态综合决策信息，组织开展形式多样的宣传活动，加大对生态红线等生态空间范围、变动、禁止事项、生态效益的宣传，鼓励个人对违法的行为进行举报并进行奖励；通过广播、电视、网络等大众媒体平台以及教育、报纸、杂志等传统手段加大对环境保护及生态红线范围的宣传，持续地开展生态红线的科普宣传，深化民众对生态红线的认识，将重大事项和相关内容等及时向社会公众公布，充分发挥公众对有关生态空间保护的综合决策的知情权、参与权与监督权，扩宽公众对生态空间管控机制进行参与的渠道。⑤形成公众与生态空间管控的良性互动。只有公众参与得以保障，才能构建推进生态红线的良好的社会环境。一方面，群众的参与制定与管理过程会促使其自觉遵守生态红线保护的相关法规，主动保护生态资源；另一方面，发动群众进行监督和反馈，能更好地改进生态红线的实施工作。

2.4.4 生态空间管控的技术手段

生态空间管控的发展从来都是理论与技术并行，相互影响、相互推动的。21世纪以来，随着数字地球的提出，GIS发生质的飞跃，这不仅使生态学者在生态空间领域综合分析的把握上变得更为有利，也使得GIS成为生态空间管控研究中强有力的工具。①MCR模型的提出以及生态安全景观格局构建。俞孔坚等基于Forman景观规划理论提出了MCR模型，并在此基础上借助GIS构建了一系列针对生物多样性保护的生态安全景观格局。②GIS 地统计学对次生林生态空间构建机制研究。张洪军以 GIS 地统计学理论为基础，运用生态整合的观点和空间构建图式，对中国东北东部山区 5 个不同坡向的天然次生林生态空间构建机制进行了深入研究。③GIS 空间分析物种分布格局与生境关系。欧阳志云等利用 GIS 空间分析功能，对卧龙自然保护区内大熊猫的空间分布格局进行了综合评价，并讨论了分布格局与生境之间的关系。④景观空间格局异质性指数分析及景观优化策略的提出。陈士银以湛江建成区为研究对象，通过计算景观空间格局异质性指数，分析探讨了城市景观生态空间格局及其变化特点，最终提出了城市景观生态优化的对策和措施。⑤GIS 空间分析荒漠生态系统空间分布格局。任鸿昌等结合西部荒漠化地区遥感资料，在 GIS 空间分析的支持下，对中国荒漠生态系统的空间分布格局进行了综合分析。⑥GIS 空间分析西北地区生态空间差异。岳德鹏等通过对 1989—2005 年的三期遥感影像的判读，深入研究了北京西北地区景观结构紧密型和生态功能空间差异，并提出区域景观格局优化方案。⑦基于空间数据库对生态环境质量指数动态变化分析。周兆叶以青海省为研究对象，基于三期生态环境质量空间数据库，运用空间统计及分析功能，对青海省三年的生态环境质量指数动态变化进行了综合分析。

2.4.5 生态空间管控手段现状

面对当前我国自然保护地多头管理、权责不清、实施机制不健全等情况，中共中央出台了一系列重要文件。2017 年 9 月 26 日由中共中央办公厅、国务院办公厅联合印发的《建立国家公园体制总体方案》中，正式提出“构建统一规范高效的中国特色国家公园体制，建立分类科学、保护有力的自然保护地体系”，建立保护地体系成为我国生态文明建设中的一项主要工作。在此背景下，众多学者在可持续发展理论的指导下，研究不同区域发展中存在的问题及应对策略，在生态功能基线逐步提上国家日程的同时，空间管控的研究也逐步成为研究的重点内容。作为研究热点的生态红线，是生态环境保护的重要创新。生态红线划分研究领域的方法越发多样。梳理现有文献，本书认为目前的研究仍存在以下不足：①划分范围可操作性强，但管理措施不能一概而论。结合已有管理规划措施及生态功能重要程度、生态脆弱敏感性等因素划分出具体的生态红线控制范围，可操作性较强，但在实际管理中，由于对部分地区缺乏深入考究与探查，管理措施不能一概而论，对红线范围管控还必须结合具体的区情。②现今管控研究尚在起步阶段，仍需深入。目前的管控路径的实施，都是初步探究，今后应深入分析，建立符合各地特征的生态空间保护区的发展和建设措施，保障生态红线高效实施。③尚需形成系统化的理论研究体系。应进一步构建生态空间理论体系在理论、内容和方法等方面的广度和深度，形成系统化的理论研究体系。④加强空间分析技术与生态学理论碰撞，建立更多科学化模型。应进一步加强 GIS 与生态学理论的碰撞，在生态数据空间模拟算法方面建立新的运算模型，让 GIS 真正成为研究宏观生态学的有效手段。

2.5 国内外研究成果对本研究的借鉴价值

通过对国内外相关文献的深入研究，本书认为这些研究对重庆市生态空间管控具有以下借鉴价值：

（1）将理论延伸并融入管控策略中。

生态空间广义上作为多种理论的融合体，研究人员对其的变动分布、结构演变、对策研究均可以延伸至生态学理论、生态空间理论、景观生态学及人地关系论等；从各理论专业角度考虑生态、经济、社会三维目标的可持续发展，同时将土地、资本、劳动力、技术、信息等生产要素包容在管控策略考虑的范畴中，促进资源合理配置，让管控策略引导生态功能发挥稳定功效。

（2）利用空间技术将管控从构想变为实际。

在空间分析技术日趋成熟的今天，其为理论带来的技术支持和由虚向实的现实意义不可忽视，是完善理论的有力抓手。耕地红线的成功离不开空间分析技术的支持和保障，生态空间的管控落实同样可以借鉴。研究人员可以利用空间叠加分析技术，分层次构建指标体系同时考虑自然区域整体性，再或者综合多种自然生态要素对生态红线进行划分。“天—空—地”一体化技术在重庆等城市的首次实施为生态空间的实时监测管理提供了重要的技术支撑，该技术的充分利用将是本研究论证分析以及全面落实的关键一环。

（3）科学系统整合与优化生态空间。

IUCN 保护地系统和大部分国家的自然生态保护地体系通常都是按照生态要素或生态用地划分为几个大类，这样的划分便于管理部门分清职责、分工管理。为避免各类保护地归属多部门管理，使不同部门在同一区域建立多个不同类型的自然生态保护地，且使空间上造成较为严重的交叉重叠现象，造成了保护地管理措施复杂，彼此难以协调，保护与开发矛盾突出，严重影响保护成效的情况，应做到：①借鉴“生态功能决定论”的划分法。在系统整合现有各类保护区的基础上，通过重要性、敏感性评价把在生态服务功能、生物多样性和生境保护方面作用最为重要的土地优先划入生态保护红线内，有助于科学系统整合与优化我国现有各类保护区域。②严格遵循《生态保护红线划定指南》的要求。以构建国家生态安全格局为总目标，遵照自然生态整体性和系统性，避免出现生境破碎化问题，充分与已有的规划布局方案相衔接，与当前监管能力相适应，对现有的管理区域、类型、对象、级别、权属、部门等进行整合和完善，并且不断优化以满足构建国家和区域生态安全格局，提升生态保护能力和生态完整性需要。

（4）确定管控主导，强化生态环境部门职能。

在管理体系方面，各国虽然政体不同，但都建立了适合自己国情的自然生态保护地管理体制。其中一种模式是由一个部门主管，或者成立专门的保护管理职能部门进行主导，发挥权属清晰、职责分明的优势，使工作开展也更加高效顺畅。由环保部门牵头来管理自然生态保护区地是目前国际上主流的发展趋势。而在我国，已建立的多种自然生态保护地分属不同部门和单位管理，不利于对区域生态环境的整体保护和统一监管，而这种管理体制的不健全短时间内难以转变。因此，根据我国现有部门职能分工，为严守生态保护红线，建议强化环境保护部门对生态保护红线区域的统一监督管理职能，重点对生态保护红线区域保护成效开展科学评估，以确保生态保护红线区域生态管理的整体性。

（5）实行差异化的管控制度。

因为保护地生态功能、性质等的多样性，所以对其制定的保护制度不能一概而论，各保护地的制度应实行差异化管理。①国外“分区管控，适度开发”的经验。IUCN 的保护地体系实行了对不同类型保护区采取不同级别的管理制度。其中一个重要理念即人类活动对环境改造程度越高，相应对人类活动限制也越宽松，允许经营建设的范围也越广。特别需要注意的是，保护级别最高的地区要实行最严格的保护措施，禁止一切形式的开发建设活动。②“红线区”和“黄线区”的差异管控。2014 年天津出台的《天津市永久性保护生态区域管理规定》中将永久性保护生态区域分为红线区与黄线区，在红线区内除市政府已经批准和审定的规划建设用地外，禁止一切与保护无关的建设活动；在黄线区内可以从事经市政府审查批准的开发建设活动。黄线区对红线区与红线区以外的其他区域能起到缓冲作用，缓解部分矛盾和冲突。

借鉴国内外的差异化管理经验，在重庆市划定的生态保护红线区域内也可借鉴其分级分类管理的经验，针对不同的生态保护红线区域制定不同的生态环境保护标准和管控措施，明确不同级别的环境准入活动类型和强度。

（6）加强生态空间保护责任目标落实。

加强对区县党委政府贯彻落实党中央、国务院有关生态空间保护决策部署的监督检查力度，层层压实保护责任；实行共同监管，完善部门联动执法监管机制，相关生态环境部门积极配合，分别从生态空间数量和质量上进行监管；组织、人事、审计等部门要将执行情况作为党政领导干部综合考核评价的参考；构建生态空间保护信息化综合监管平台，加强生态红线区域内的变化情况监测和调查，及时预警、发布变化情况，变被动发现为主动作为、及时纠正。

（7）利用全方位手段对生态空间进行管控。

生态空间管控要从理论真正落到实际，离不开政府、社会、市场等多方的共同参与。全方位手段的管控不仅能对理论进行实时引导，而且也是将整个研究推动直至落实的重要保障。①成立专项政府管理组织。成立专项研究领导小组及专家委员会，定期开展会议研讨，制定专门的生态空间管理办法，控制开发强度、调整空间结构、构建国家和区域生态安全格局，实现生态经济社会的可持续发展。②明确其在法律制度上的重要地位。借鉴多国通过立法加强生态空间的建设和管理，明确管理权限和责任归属；加快出台不同区域、不同类型生态空间监管的配套法律法规、管理政策并严格执行，从国家、地方层面建立一套从上到下的法律法规保障体系，在法律制度上明确其重要地位。③完善生态保护市场体系，奖惩并重。培育生态保护市场主体，建立完善资源有偿使用制度、产业准入制度、绿色评估体系等，对违反市场机制、破坏市场主体的行为进行惩治，同时对绿色能源产业等进行鼓励和扶持。④始终服务于民众，依靠于民众。关切人民群众的呼声，处理好与民众的矛盾；完善民众参与机制，充分调动公众对生态空间管控参与的积极性，并将其上升为全民意识。⑤利用“天—空—地”一体化技术的优势。基于数据挖掘、数据融合、数据协同和数据同化等关键技术，获得更加准确的数据支持的立体生态环境监测感知体系；对生态空间进行实时监测分析，维持重要生态系统服务功能、保障人居环境和保护生物多样性。

大力推行综上手段，能进一步优化形成生态安全格局，增强经济社会可持续发展的生态支持能力，最终达到保障国土生态安全的目标。

2.6 本章小结

生态空间理论溯源于空间观点，利用数理技术和理论分析两大利器发展出了一套完善的理论体系。加之地图叠加技术的支持，对各要素的综合分析，生态空间理论发展成了一门更为科学的学说。本研究的管控对象为生态空间，是不同于生产和生活空间的新形式，生态空间的管理适当是维持人与自然和谐关系的先决条件。梳理现有文献，本书认为目前的研究仍存在以下不足：①有关区域尺度或更大范围的生态空间理论与方法研究尚处于探索阶段。国外对于生态空间的研究主要集中在城市生态服务功能，而乡村则主要集中在生物多样性保护，国内对这一方面的研究则更少，有待发展出一套完备的理论体系和管控机制。②生态空间本身是一个错综复杂的多样化空间，各种生态要素和生态过程无时无刻不在发生着变化，要精确掌握其空间格局分布和动态演变规律，是一项艰巨的课题。

生态保护红线是我国环境保护的重要制度创新，我国对生态红线的研究尚处于起步和尝试阶段。生态红线因其内涵的丰富性，划分方法类型颇多。从现有文献来看，国外虽政体不同，但大多根据本国特色，形成了适合自身国情的管理模式。例如，美国保护地体系管理的经验是“分级管理，适度开发”，针对不同类型保护地管理要求实行“保护优先、适度开发”的原则；德国则采取了一套将土地规划与生态用地的保护利用相结合的管理方法，即利用规划手段预留保护地对生态用地进行保护。2014 年年初，我国环保部出台的生态红线编制指南是探究性划分标准，而在已出台的生态红线的规划文件中，多利用现有的生态功能区划，如自然保护区、重要生态功能区、主体功能区等，将相关生态区域进行分析分类。目前我国生态空间管理工作刚刚起步，梳理文献可知我国在这方面仍面临着许多问题和挑战：①划定生态红线一方面可以借鉴国外保护地构建的技术与管理方法，同时也要考虑其特殊性，如生态保护红线实际的边界与理论状态不一致等。②生态保护红线与自然保护地体系的初步确立预示着我国自然保护工作取得了很大成绩。但我国的各类保护地类型多、数量广，加之缺乏统一规划和管理，造成了生态系统完整性的人为割裂、区域重叠管理上的机构重置、职能交叉、权责不清、实施机制不完善等情况。③由于对保护的理解存在偏差，生态保护与经济发展的协同性相对较低，造成了生态保护地内部生态功能退化、经济发展迟缓、保护成效低下等问题。

面对当前我国自然保护地多头管理、权责不清等情况，中共中央出台了一系列重要文件，在2017年9月26日由中共中央办公厅、国务院办公厅联合印发的《建立国家公园体制总体方案》中，正式提出“构建统一规范高效的中国特色国家公园体制，建立分类科学、保护有力的自然保护地体系”，建立保护地体系成为我国生态文明建设中的一项重要工作。在此背景下，众多学者在可持续发展理论的指导下，研究不同区域发展中存在的问题及应对策略，在生态功能基线逐步提上国家日程的同时，空间管控的研究也逐步成为研究的重点内容。作为研究热点的生态红线，是生态环境保护的重要创新。生态红线划分研究领域的方法越发多样。梳理现有文献，本书认为目前的研究仍存在以下不足：①划分范围可操作性强，但管理措施不能一概而论。结合已有管理规划措施及生态功能重要程度、生态脆弱敏感性等因素划分出具体的生态红线控制范围，可操作性较强，但在实际管理中，由于对部分地区缺乏深入考究与探查，管理措施不能一概而论，对红线范围管控还必须结合具体的区情。②现今管控研究还在起步阶段，尚需深入。目前的管控路径的实施，都是初步探究，今后应深入分析，建立符合各地特征的生态空间保护区的发展和建设措施，保障生态红线高效实施。③尚需形成系统化的理论研究体系。应进一步构建生态空间理论体系在理论、内容和方法等方面的广度和深度，形成系统化的理论研究体系。④加强空间分析技术与生态学理论碰撞，建立更多科学化模型。应进一步加强 GIS 与生态学理论的碰撞，在生态数据空间模拟算法方面建立新的运算模型，让 GIS 真正成为研究宏观生态学的有效手段。

3 国内生态空间管控案例借鉴

党的十九大报告明确提出了加快生态文明体制改革、建设美丽中国的新要求，而划定并严守生态保护红线是加大生态系统保护力度的重要内容。划定并严守生态保护红线，是以习近平同志为核心的党中央针对新形势下的我国生态空间管控面临严峻形势做出的一项重大战略决策部署。湖泊（流域）是生态空间的重要类型，是陆地生态系统的重要组成部分。其拥有多种重要的生态服务功能，其中大湖流域生态服务功能尤其重要，对维系区域和国家生态安全具有重要作用。鄱阳湖作为我国最大的淡水湖和具有国际影响的重要湿地，承担着调洪蓄水、调节气候、降解污染等多种生态功能，是我国重要的生态功能保护区和全球重要的生态区，在一定程度上与重庆市三峡库区的生态空间相似，因此这一地区的大湖流域生态空间管控具有一定的代表性。

在区域生态空间管控上，沈阳市、成都市进行了大量的探索。两市在国家所制定的生态保护红线的基础上提出了生态控制线，进一步在程序上保障了对生态空间的管控，兼顾刚性管控与合理利用需求，约束城市发展的边界，对加强生态安全格局保护进行了大量的前期实践。重庆市是典型的山地丘陵区，且正在经历快速的城市化过程，因此对沈阳市、成都市生态空间管控案例进行研究，对于重庆市生态空间管控具有很大的借鉴作用。

3.1 鄱阳湖流域生态空间管控案例

3.1.1 区域概况

鄱阳湖是我国最大的淡水湖和具有国际影响的重要湿地，是我国重要的生态功能保护区和世界自然基金会划定的全球重要生态区。鄱阳湖水域由五大水系（赣、抚、信、饶、修）流域和鄱阳湖区构成，江西全省96.8%的辖区面积属于鄱阳湖流域。鄱阳湖森林覆盖率（60.05%）远高于全国森林覆盖率（26%）和世界森林覆盖率平均水平（26%）。鄱阳湖流域五大水系的水、热条件得天独厚，生物资源十分丰富。

3.1.2 生态空间管控特色

湖泊（流域），特别是大湖流域是一个由自然生态系统和社会经济系统组成的复合生态系统，其涉及的不仅仅是湖泊、众多河流等水域空间，而且包括陆地空间。此外，流域跨区域、跨领域等复杂关系，使流域的污染治理与生态修复、管控的难度比较大。当前鄱阳湖流域所存在的问题，应当及时解决。

①针对鄱阳湖生态空间管控采取“一线一策”手段，实行精细化管控。即在生态保护红线刚性的需求下逐步形成由基本法律和与之相配套的一系列法规、实施细则组成的严密政策法规保障体系。当地政府制定的地方性法规（如《鄱阳湖流域生态保护红线管控条例》），提出了具有针对性的鄱阳湖流域生态空间管控措施。目前，鄱阳湖生态空间管控要求是“一线一策”，明确流域治理、开发与保护的优先领域和顺序，充分发挥鄱阳湖流域作为大湖流域的多项生态和经济功能。

②建立和健全流域的现代化信息监测网络。即广泛运用卫星遥感、无线通信、大数据、计算机模拟等现代化技术对流域的水资源、生物资源、水质及空间分布进行实时监测和动态管理。同时流域空间关于水域、生态、资源等的监测数据要实行跨区域数据共享，建设流域生态监测信息数据库，实现流域管理由粗放式向精细化、现代化转变。鄱阳湖流域实行流域网络化管理，即借助现代化的监测网络，将流域依据管理范围内的行政区划、地形地貌、面积等进行网格划分。此外，管理部门要开展针对流域生态系统的健康安全评估体系设计，推动流域管控的科学化和标准化。

③生态资本运营。即针对区域生态空间的整体生态服务价值进行合理开发利用。生态资本运营获取的经济上的价值可以促进地区经济发展和生态环境保护区域的社会经济发展，同时生态环境保护反过来可以促进区域生态资本的不断积累，从而形成生态—经济—社会相互促进、共同发展的良性循环。鄱阳湖流域在生态资本的运营方面更注重生态渔业、生态旅游业，并对自然保护区、生态功能区等生态敏感区域合理控制产业规模，探索绿色产业发展新路。

3.1.3 对重庆市生态空间管控的启示

流域是生态空间的重要类型，其不仅拥有自然景观资源，更具有调节洪水、保护生物多样性、净化环境、物资输移、调节气候等多种重要的生态服务功能。鄱阳湖水域作为我国重要的生态功能保护区和世界自然基金会划定的全球重要生态区，其管控经验能够为重庆市生态空间管控提供一定的参考。

①依法划定生态保护红线、生态空间保护管控范围，落实有关规划方案和工程措施。即依据划定的生态保护红线范围，在生态保护红线区设立地理界标、宣传警示标识；严格执行既定的调整与清退建议，按期达成规划目标，对违反控制要求的行为，及时提出整改措施和落实时间，限期完成。

②利用现代信息技术进行有效监督。在鄱阳湖流域建立现代化信息监测网络，运用现代化技术对流域生态空间区域进行实时监测，减少了人力监测的时间和费用，并且很大程度上提高了监测效率。对于重庆市而言，运用现代化技术对重庆市生态空间进行监测是可实现的，即应建立重庆市生态空间动态监测数据库，并且实行整个重庆市监测数据共享，有效提高监测效率。

3.2 沈阳市生态空间管控案例

3.2.1 区域概况

截至2018年，沈阳市全市下辖10个区、2个县，代管1个县级市，总面积1.3万平方千米，常住人口831.6万人，城镇人口673.6万人，城镇化率81%，是东北唯一的特大城市。沈阳市地理环境优越，市内以平原为主，地处我国三大平原之一的东北平原（东北平原包括辽河平原、松嫩平原、三江平原）。沈阳市位于辽河平原中部，地势向西、南逐渐开阔平展，由山前冲洪积平原过渡为大片冲积平原，属于温带半湿润大陆性气候。

3.2.2 生态空间管控特色

沈阳市着眼于城市全域生态安全格局的保护目标，针对近几年开展管控的实践和问题，从规划编制、管理和实施层面进行了一系列完整的城市生态空间管控探索实践。

①以总体规划为引领，形成空间发展意识，以多规合一为手段，强调部门空间协调。沈阳市在新一轮城市总体规划中构建了理想的空间形态，即以

“南北两区、东山西水、一河两岸、一主三副”的格局为战略引领，梳理整体空间资源，明确各区主体功能，科学划定体现空间发展战略共识的生态控制线，提升经济社会发展的环境承载力；借助“多规合一”平台划定沈阳市全域生态控制线，对涉及空间规划体系的部门专项规划进行梳理协调。最终，沈阳市形成了能够协调各类规划、线位清晰的生态控制线“一张图”，划定了10 598 平方千米生态控制区和2 262 平方千米的建设控制区，并将生态控制线细化为生态底线和生态发展区，强化了控制，建立了生态管控明确、建设管理清晰的控制线体系。

②明确部门管理事权，落实责任管理主体，建立信息平台，实现管控考核监督。按照专项内容、事权归属分类分项，构建层次分明、事权清晰的全域空间规划图层体系，细化并明确各类空间保护边界的配套责任主体，进一步理顺各级各部门空间管理事权和监管职责（见表 3-1）；充分利用信息化技术，将生态控制线数据入库到“多规合一”“一张图”中，借助“多规合一”业务协同平台，使发展改革、自然资源、生态环境等多个部门可以通过平台对边界空间信息进行查询、共享，并进行业务协同办理，强化在项目生成及审批环节对生态控制线的校核和监督，实现各部门按事权对管控空间协同管理、保障保护边界的常态化、动态化。

表 3-1　生态控制线生态资源组成要素事权清单

类型	组成要素	责任主体
生态控制线	生态保护红线	环保局
	林地	林业局、市政园林局
	水系	水利局
	城市结构性绿地	城建局、规土局
	自然保护区	林业局
	风景名胜区	规土局
	森林公园	林业局
	湿地	环保局
	饮用水源地	环保局
	基本农田	规土局
	一般耕地	规土局、农委
	园地	规土局、农委

③定桩定点，以空间边界落地促实施，开展实施性规划，推进生态工程建设。以重点生态功能区内控制线为试点，开展定点、定位、定桩，在实际用地空间上明确落实边界，将非建设空间牢牢固定在实际用地空间上，实现控制边界可视、可管；以生态资源刚性管控、生态功能合理注入为目标，依托“全域生态控制线规划”，统筹村庄建设、农田保护、都市农业发展、生态修复建设等保护和建设诉求，开展小流域治理规划、郊野公园建设规划等各项生态实施性规划，推进各项生态工程建设。

3.2.3 对重庆市生态空间管控的启示

沈阳市划定生态空间控制线是为了保护城市有限的生态资源，优化城市空间结构，提升城市环境质量及引导城市健康发展。沈阳市生态控制线是在生态红线即核心生态资源保护的基础上划定的非建空间控制线，以解决生态空间被蚕食、城乡发展不平衡、土地利用低效等一系列问题，可为重庆市生态空间管控提供一定参考。

①明确生态空间范围，对于已经划定为生态空间范围内的区域可通过定点、定桩，将生态空间固定在实际用地空间上，实现生态红线边界可视、可管。

②通过管控考核监督，最大效率利用信息化技术实现对生态空间状态的监测与分析，保障生态红线落实，建立生态空间数据库和业务办理平台，实现多部门对数据信息的查询、共享，并进行业务协同办理；明确部门责任，构建层次分明、事权清晰的全域空间管控体系。

3.3 成都市生态空间管控案例

3.3.1 区域概况

成都市位于中国西南地区、四川盆地西部、成都平原腹地、青藏高原东缘，其东北与德阳市、东南与资阳市毗邻，南面与眉山市相连，西南与雅安市、西北与阿坝藏族羌族自治州接壤，境内地势平坦、河网纵横、物产丰富、农业发达，属于亚热带季风性湿润气候。

3.3.2 生态空间管控特色

城市的快速扩张导致生态空间不断被蚕食，究其原因是发展和生态空间之间的不平衡。为跟随城市发展和生态空间并重的未来发展趋势，成都市在生态空间管控方面进行了探索。

①实施综合管理，强化生态服务。综合管理的结果应该是“生态控制+城市功能对外疏解+区域产业平衡”。综合管理和利用才是有效的管控方式。对于成都市环城生态区，其主要通过建设用地的逐步拆迁，对区域的生态用地进行功能上的引导，强调生态服务功能；针对中心城市外围的绿地及各级城镇的发展，其制定全域统筹的城镇体系规划，明确城镇功能和发展路径，避免城镇无序发展对生态用地的蚕食；对于城市远郊区域，其主要通过产业集中集约发展，城、镇、村合理布局，大力发展现代化农业、都市农业，保护各级风景旅游区、生态涵养区，达到保护高标准农田和优质生态用地的目的。

②注重生态空间，完善规划层级。明确生态规划各个控制要素的空间管控边界，通过成都市全域规划建立 GIS 数据管理平台，并进行规划信息集合，作为下一层次规划编制及审批的依据；以常态化的卫星影像数据更新作为对照，建立管控执法的信息平台。结合规划行政管理架构，采用分级规划管理模式，将成都市划分为中心城区、都市区及外围城镇发展区，分别制定下一层次的分区生态规划，实现属地化管理。

3.3.3 对重庆市生态空间管控的启示

成都市生态空间管控的路径是通过选取对全域生态空间格局具有重要影响的关键性控制要素进行分析研究，明确各类生态要素的空间控制边界，制定针对性的管控措施来确保规划格局的形成和规划管理需求的满足。这对于重庆市生态空间管控提供的参考如下：

①对全域生态空间格局进行分析后，再对其进行详细的规划从而实现管控的目的。对重庆市生态空间管控而言，重庆市应对生态空间资源进行识别及评估，结合市域生态空间体系总体结构，针对性地选择影响城市生态空间格局的关键性控制要素，编制生态建设控制导则。

②成都市的生态空间管控，将成都市分为中心城区、都市区及外围城镇发展区，将不同的分区在原有的规划上实施更详细的生态空间规划方案，将空间管控的实施划到属地上实行管理。

3.4 本章小结

借鉴其他区域生态空间管控实例是为了在前人研究的基础上总结经验，通过成功的案例总结一套符合重庆市生态空间管控的理论，并在其基础上进行扩展和延伸。

（1）明确生态空间管控的对象和范围

只有在明确管控对象和范围的前提条件下才能实施管控。以鄱阳湖流域为例，其明确生态空间管控对象为流域生态空间，并制定了法规（如《鄱阳湖流域生态保护红线管控条例》）。对于城市生态空间，如沈阳市，其城市生态空间管控是在明确范围内制定规划并进行针对性的管控，将规划和管控相结合。针对特定的生态空间对象应有不同的政策管控方法。重庆市应明确范围，在所划定的生态保护红线和自然保护区以内，实施严格的管控制度。

（2）现代信息技术与生态空间管控相结合

重庆市可通过遥感技术，对生态红线和自然保护区范围进行不定期实时遥感监测，为生态空间管控提供高效的监测手段；通过 GIS 技术，建立生态空间动态监测数据库，实现对生态空间的在线监管；积极运用大数据和人工智能等新技术，定期以县域为基本单元开展生态保护红线、生态环境质量评估及生态承载力预警分析；在整个重庆市生态空间范围内建立网络监测平台，监测数据可实现共享，从而提高监测效率。

（3）政策导向生态空间管控

生态空间管控要从理论真正落实到实际，离不开政府、社会、市场等多方面的共同参与。政府制定生态空间管控政策必须根据当地实际情况，管控政策必须是综合多方面的问题而得出的解决方案。所以，政策在实施过程中是强制性的，以政策为导向从而实现生态空间管控的目标必然存在合理性。重庆市要建立实施健全的考核奖惩机制，推动差异化生态环境质量和工作绩效考核体系建设，将评估结果纳入地方各级人民政府政绩考核；建立健全职责明晰、分工合理的环境保护责任体系，对违反生态空间管控要求、造成生态破坏的部门、地方、单位和有关责任人员，依法依规追究责任，构成犯罪的依法追究刑事责任。

4　重庆市生态空间管控现状

摸清重庆市生态空间管控的现状对本研究极为重要。本章将从重庆市自然环境及社会经济概况、生态功能区划概况、生态保护红线划定概况、自然保护地划定概况以及生态保护红线和自然保护地管控政策等方面入手对全市生态空间管控现状进行综合、全面的分析研究。

4.1　重庆市自然环境及社会经济概况

4.1.1　自然环境概况

重庆市位于中国经济发达的东部地区与资源富集的西部地区的接合部，地处大巴山断褶带、川东褶皱带和川湘黔隆起褶皱带三大构造单元交汇处，地形地貌较为复杂，地形大势由南北向长江河谷倾斜，西部海拔一般为 200～900 m，东部海拔一般为 1 000～2 500 m，地跨东经 105°17′～110°11′、北纬 28°11′～32°13′，东西长 470 千米，南北宽 450 千米，辖区面积 8.2 万平方千米，东邻湖北省、湖南省，南靠贵州省，西连四川省泸州市、内江市、遂宁市，北接四川省广安市、达川市和陕西省。

重庆市位于青藏高原东部的东亚季风区，总体属于中亚热带湿润季风气候，四季分明，雨量充沛，热量充足，无霜期长。丘陵河谷地区冬无严寒，夏有酷热，伏旱频繁，秋冬多雾。重庆市域河流属于长江流域，水系形态呈网格状或树枝状，地表径流量大、水资源丰富，境内二、三级水系广泛发育，市内水资源总量中地表水占绝大部分，其中由降雨形成的多年平均地表水约 567.7 亿立方米，由长江、嘉陵江、乌江等流入重庆市的多年平均入境水量约 3 839 亿立方米。重庆市内土壤类型多样，地带性土壤为黄壤，此外还有多种土壤类型分布，主要包括：水稻土、新积土、紫色土、黄棕壤、石灰（岩）土、红壤、山地草甸土等土类和十六个土壤亚类。

4.1.2 社会经济概况

2019年，重庆市常住人口3 124.32万人，比上年增加22.53万人，其中城镇人口2 086.99万人，占常住人口的比重（常住人口城镇化率）为66.8%，比上年提高1.3个百分点。2019年重庆市全年外出市外人口474.02万人，市外外来人口182.05万人，城镇新增就业人员75.16万人，比上年下降0.2%。2019年，重庆市实现地区生产总值23 605.77亿元，比上年增长6.3%。按产业分，第一产业实现增加值1 551.42亿元，增长3.6%；第二产业实现增加值9 496.84亿元，增长6.4%；第三产业实现增加值12 557.51亿元，增长6.4%。三次产业结构之比为6.6∶40.2∶53.2，第三产业增加尤为明显，产业结构日趋合理化，农业比重下降，工业和服务业平稳上升，产业结构逐渐高度化。

2019年，重庆市实现农林牧渔业增加值1 581.15亿元，比上年增长3.7%；工业增加值6 656.72亿元，比上年增长6.2%，规模以上工业增加值比上年增长6.2%；批发和零售业增加值2 192.06亿元，比上年增长6.6%；交通运输、仓储和邮政业增加值977.14亿元，比上年增长6.9%；住宿和餐饮业增加值501.98亿元，增长7.5%；金融业增加值2 087.95亿元，比上年增长8.0%；房地产业增加值1 473.04亿元，比上年增长2.7%；其他服务业增加值5 325.34亿元，比上年增长6.3%。2019年重庆市全年规模以上服务业企业实现营业收入3 788.66亿元，比上年增长14.0%。

4.2 重庆市生态功能区划概况

按照《重庆市生态功能区划》，整个重庆市可按照一级、二级、三级生态功能区划进行划分。其生态功能区划面积占比如表4-1所示。

Ⅰ 秦巴山地常绿阔叶-落叶林生态区

$Ⅰ_{1}$大巴山常绿-落叶阔叶林生态亚区

$Ⅰ_{1-1}$大巴山水源涵养-生物多样性保护生态功能区

Ⅱ三峡库区（腹地）平行岭谷低山-丘陵生态区

$Ⅱ_{1}$三峡水库水体保护生态亚区

$Ⅱ_{1-1}$巫山-奉节水体保护-水源涵养生态功能区

$Ⅱ_{1-2}$三峡库区（腹地）水体保护-水土保持生态功能区

$Ⅱ_{2}$梁平-垫江农业生态亚区

$Ⅱ_{2-1}$梁平-垫江营养物质保持生态功能区

Ⅲ 渝东南、湘西及黔鄂山地常绿阔叶林生态区

Ⅲ$_1$方斗山-七曜山常绿阔叶林生态亚区

Ⅲ$_{1-1}$方斗山-七曜山水源涵养-生物多样性生态功能区

Ⅲ$_2$渝东南岩溶石山林草生态亚区

Ⅲ$_{2-1}$黔江-彭水石漠化敏感区

Ⅲ$_{2-2}$酉阳-秀山水源涵养生态功能区

Ⅳ 渝中-西丘陵-低山生态区

Ⅳ$_1$长寿-涪陵低山丘陵农林生态亚区

Ⅳ$_{1-1}$长寿-涪陵水体保护-营养物质保持生态功能区

Ⅳ$_2$渝西南常绿阔叶林生态亚区

Ⅳ$_{2-1}$南川-万盛常绿阔叶林生物多样性保护生态功能区

Ⅳ$_{2-2}$江津-綦江低山丘陵水文调蓄生态功能区

Ⅳ$_3$渝西丘陵农业生态亚区

Ⅳ$_{3-1}$永川-璧山水土保持-营养物质保持生态功能区

Ⅳ$_{3-2}$渝西方山丘陵营养物质保持-水体保护生态功能区

Ⅴ 都市区人工调控生态区

Ⅴ$_1$都市区城市生态调控亚区

Ⅴ$_{1-1}$都市核心生态恢复生态功能区

Ⅴ$_{1-2}$都市外围生态调控生态功能区

表 4-1　重庆市生态功能区划面积占比表

生态功能分区等级	生态功能区划类型	涉及区县	面积占比/%
一级生态区划	Ⅰ秦巴山地常绿阔叶-落叶林生态区	城口县、巫溪县	8.86
	Ⅱ三峡库区(腹地)平行岭谷低山-丘陵生态区	巫山县、奉节县、云阳县、开州区、万州区、梁平区、忠县、垫江县、丰都县	32.28
	Ⅲ渝东南、湘西及黔鄂山地常绿阔叶林生态区	石柱县、武隆区、彭水县、黔江区、酉阳县、秀山县	24.06
	Ⅳ渝中-西丘陵-低山生态区	长寿区、涪陵区、南川区、万盛经开区、綦江区、江津区、璧山区、永川区、荣昌区、大足区、潼南区、合川区	28.15
	Ⅴ都市区人工调控生态区	渝北区、江北区、渝中区、南岸区、沙坪坝区、九龙坡区、巴南区、大渡口区、北碚区	6.64

表4-1(续)

生态功能分区等级	生态功能区划类型	涉及区县	面积占比/%
二级生态区划	Ⅰ$_{1}$大巴山常绿-落叶阔叶林生态亚区	城口县、巫溪县	8.86
	Ⅱ$_{1}$三峡水库水体保护生态亚区	巫山县、奉节县、云阳县、开州区、万州区、忠县、丰都县	28.16
	Ⅱ$_{2}$梁平-垫江农业生态亚区	梁平区、垫江县	4.12
	Ⅲ$_{1}$方斗山-七曜山常绿阔叶林生态亚区	石柱县、武隆区	7.18
	Ⅲ$_{2}$渝东南岩溶石山林草生态亚区	彭水县、黔江区、酉阳县、秀山县	16.88
	Ⅳ$_{1}$长寿-涪陵低山丘陵农林生态亚区	长寿区、涪陵区	5.30
	Ⅳ$_{2}$渝西南常绿阔叶林生态亚区	南川区、万盛经开区、綦江区、江津区	10.38
	Ⅳ$_{3}$渝西丘陵农业生态亚区	璧山区、永川区、荣昌区、大足区、潼南区、合川区	12.47
	Ⅴ$_{1}$都市区城市生态调控亚区	渝北区、江北区、渝中区、南岸区、沙坪坝区、九龙坡区、巴南区、大渡口区、北碚区	6.64
三级生态区划	Ⅰ$_{1-1}$大巴山水源涵养-生物多样性保护生态功能区	城口县、巫溪县	8.86
	Ⅱ$_{1-1}$巫山-奉节水体保护-水源涵养生态功能区	巫山县、奉节县	8.57
	Ⅱ$_{1-2}$三峡库区（腹地）水体保护-水土保持生态功能区	云阳县、开州区、万州区、忠县、丰都县	19.58
	Ⅱ$_{2-1}$梁平-垫江营养物质保持生态功能区	梁平区、垫江县	4.12
	Ⅲ$_{1-1}$方斗山-七曜山水源涵养-生物多样性生态功能区	石柱县、武隆区	7.18
	Ⅲ$_{2-1}$黔江-彭水石漠化敏感区	黔江区、彭水县	7.63
	Ⅲ$_{2-2}$酉阳-秀山水源涵养生态功能区	酉阳县、秀山县	9.25

表4-1(续)

生态功能分区等级	生态功能区划类型	涉及区县	面积占比/%
三级生态区划	Ⅳ$_{1-1}$长寿-涪陵水体保护-营养物质保持生态功能区	长寿区、涪陵区	5.30
	Ⅳ$_{2-1}$南川-万盛常绿阔叶林生物多样性保护生态功能区	南川区、万盛经开区	3.83
	Ⅳ$_{2-2}$江津-綦江低山丘陵水文调蓄生态功能区	綦江区、江津区	6.55
	Ⅳ$_{3-1}$永川-璧山水土保持-营养物质保持生态功能区	永川区、璧山区	3.03
	Ⅳ$_{3-2}$渝西方山丘陵营养物质保持-水体保护生态功能区	荣昌区、大足区、铜梁区、潼南区、合川区	9.44
	Ⅴ$_{1-1}$都市核心生态恢复生态功能区	渝北区、北碚区、巴南区、大渡口区	1.62
	Ⅴ$_{1-2}$都市外围生态调控生态功能区	江北区、渝中区、南岸区、沙坪坝区、九龙坡区	5.02

4.3 重庆市生态空间划定概况

4.3.1 重庆市生态保护红线划定概况①

生态保护红线是指为保障和提升水源涵养、水土保持、生物多样性维护等生态功能，必须实行严格保护的自然生态空间，是保障生态安全必须严守的底线。生态保护红线的划定，将有效促进我市人口和产业结构、布局的调整，使国土空间格局得到优化和有效保护，生态安全格局更加完善，生态保护红线的划定对我市具有重大意义。

（1）划定过程

重庆市生态保护红线划定经过生态功能自然地理单元划分，潜在红线区域辨识，生态功能重要性、敏感性评价，叠加分析与综合制图等步骤完成。

① 数据来源：重庆市人民政府关于发布重庆市生态保护红线的通知（渝府发〔2018〕25号）。

重庆市生态保护红线的划定是以重庆市数字化地形图（比例尺 1∶50 000）、高分辨率遥感影像和土地利用二调数据为底图，将生态系统服务功能极重要区、生态环境极敏感区进行空间叠加与综合分析，将划定的生态保护红线区进行空间叠加与优化调整，利用 GIS 空间分析功能进行空间融合处理划分，完成生态保护红线划定。

（2）划定范围

重庆市生态保护红线范围的划定，主要是依据环境保护部关于印发《生态保护红线划定技术指南》的通知（环发〔2015〕56 号）的要求，结合潜在红线区辨识研究成果，将重点生态功能区（水源涵养区、水土保持区、生物多样性维护区）、生态敏感区（水土流失敏感区、石漠化敏感区）、禁止开发区（饮用水水源保护区、自然保护区、自然文化遗产地、湿地公园、森林公园、风景名胜区、地质公园）和其他区域（四山禁建区、三峡水库消落区、生态公益林地等）划入重庆市生态保护红线范围内。

（3）主要分布

重庆市生态保护红线面积占全市总面积的 24.8%，全市共划定生态保护红线斑块 716 个，在 38 个区县（自治县）、万盛经开区均有分布，主要分布区域为渝东北片区、渝东南片区。

森林生态系统和湿地生态系统是我市生态保护红线的主要生态系统类型。另外还有两种分布类型。重庆市按照不同功能区进行了各生态功能类型红线区域的面积的划分，包括水源涵养区（划定生态保护红线占幅员面积的 9.9%）、生物多样性维护区（划定生态保护红线占幅员面积的 16.1%）、土壤保持红线区（划定生态保护红线占幅员面积的 11.3%）。按照不同管控区域类型，在生态保护红线区内，禁止开发区、四山禁建区等现有各类受保护区域的面积占生态保护红线总面积的 46.0%；重点生态功能区、生态敏感区、三峡水库消落区、生态公益林等尚未设置保护区的区域面积占生态保护红线管控总面积的 54.0%。

4.3.2 重庆市自然保护地划定概况

自然保护地指依法设立和管理的，以实现自然以及相关生态服务和文化价值长期有效保存的一片界限分明的地理空间。自然保护地是自然生态空间最重要、最精华、最核心的组成部分，是建设生态文明的重要载体。自然保护地的划定与建立不仅是保护自然资源和生物多样性的有效举措，同时也是保护自然与文化遗产的现实要求。

（1）划定过程

管理自然保护地是保护生态环境和生物多样性的有效措施，是设立生态屏障、维护国土生态安全的重要手段。中央全面深化改革领导委员会第六次会议提出，要形成以国家公园为主体、自然保护区为基础、各类自然公园为补充的自然保护地管理体系。

重庆市自然保护地是依据其在本市区内具有较为重要的科学、文化、经济价值以及娱乐、休息、观赏价值，按照自然生态系统原真性、整体性、系统性及其内在规律，并经同级人民政府批准建立的。在划定时，重庆市坚持保护优先，维护生态系统的完整性；在制定自然保护地分类划定标准时，重庆市对各类自然保护地开展综合评价，分为国家级、市级、县级等多个级别，再按照保护区域的自然属性、生态价值和管理目标进行梳理调整和归类。重庆市的自然保护地由自然保护区、森林公园、生态公园、湿地公园、风景名胜区和地质公园等构成。

（2）划定范围

自然保护地是保护和维护生物多样性、自然及文化资源的空间载体，自然保护地范围的划定对保护自然生态系统、守护自然生态、保育自然资源、保护生物多样性与地质地貌景观多样性、维护自然生态系统健康稳定具有重要意义。

自然保护地范围是由各级政府依法划定或确认的，划定的范围主要包括重要的自然生态系统、自然遗迹、自然景观及承载自然资源、生态功能和文化价值并实施长期保护的陆域或海域等。重庆市自然保护地范围的划定是按照自然生态系统原真性、整体性、系统性及其内在规律，将我市自然保护地按生态价值和保护强度，依次分为自然保护区、自然公园两大类型。我市自然保护区范围是以保护典型的自然生态系统、珍稀濒危野生动植物种的天然集中分布区、有特殊意义的自然遗迹的区域划定的；我市自然公园范围是以保护重要的自然生态系统、自然遗迹和自然景观，具有生态、观赏、文化和科学价值，可持续利用的区域划定的。

（3）主要分布

重庆市自然保护地始建于1979年，到目前为止我市共有61个自然保护区，其中国家级自然保护区7个，市级自然保护区18个，县级自然保护区36个，共占全市幅员面积的10.82%；森林公园93个，其中国家级森林公园27个，市级森林公园61个，县级森林公园5个；国家级生态公园2个；湿地公园26个，其中国家级湿地公园22个，市级湿地公园4个；风景名胜区36处，占市域面积6.03%，其中，国家级风景名胜区7处，占市域面积3.03%，市级风景名胜区 29 处，占市域面积 3%；国家级地质公园 8 处。

从自然保护地分布情况来看，重庆市自然保护区主要分布在渝东北秦巴山地地区、三峡库区腹地和渝东南武陵山区、渝中-西丘陵-低山地区，但从 5 大保护区占国有土地的面积看，渝东北秦巴山地地区分布的保护区面积比例最高；重庆市森林公园分布广泛，在各个区县均有分布，但国家级和市级森林公园在重庆西部分布最为密集；重庆市国家级生态公园主要分布在南川区和潼南区；重庆市湿地公园主要分布在渝西、渝东北、渝东南地区；重庆市风景名胜区在各地区均有分布，但国家级风景名胜区主要分布在渝东北地区；重庆市地质公园主要分布在渝东南地区。

4.4 重庆市生态管控相关政策

健全国土空间用途管控制度，严格保护各类自然生态空间，是保护生态环境、推进生态文明建设的重要途径。划定并严守生态保护红线和自然保护地是全面贯彻习近平新时代中国特色社会主义思想、习近平生态文明思想的具体体现，是深入落实习近平总书记对重庆提出的营造良好政治生态，坚持“两点”定位、“两地”“两高”目标和建设成渝地区双城经济圈的重要指示要求的重要举措。在生态保护红线和自然保护地划定后，实施的一系列相关政策将有效促进全市人口和产业结构、布局的调整，国土空间格局将得到优化和有效保护，生态安全格局将更加完善。

4.4.1 重庆市生态保护红线管控政策

在质量管控方面，《重庆市生态保护红线》（渝府发〔2018〕25 号）中提出：各区县和有关部门要建立常态化巡查、核查制度，严格查处破坏生态保护红线的违法行为，确保生态保护红线生态功能不降低、面积不减少、性质不改变。

在划定落地方面，《重庆市生态保护红线》（渝府发〔2018〕25 号）中明确提出：要求各区县对生态保护红线边界进行实地勘查、测绘，核准拐点坐标，勘定精确界线，设立统一规范的界桩和标识牌，确保生态红线落地准确、边界清晰。

在责权分配方面，《重庆市生态保护红线》（渝府发〔2018〕25 号）中指出：区县各级党委和政府是严守生态保护红线的责任主体，要将生态保护红线作为相关综合决策的重要依据和前提条件，履行好保护责任。各有关部门要按照职责分工，加强监督管理，做好指导协调、日常巡护和执法监督，共守生态保护红线。

4.4.2 重庆市自然保护地管控政策

在自然保护地活动管控方面，《重庆金佛山国家级自然保护区管理办法》（南川府办发〔2017〕145号）中提出：禁止在自然保护区内进行砍伐、放牧、狩猎、捕捞、采药、开垦、焚烧、开矿、采石、挖沙、野外用火、堆放易燃易爆物品、排放污染物、倾倒废弃物（含生活垃圾）等活动，法律、法规另有规定的除外。《关于进一步加强林业自然保护区监督管理工作的通知》（渝林护〔2017〕74号）中提出：①严格执行自然保护区内建设项目审批制度。自然保护区禁止开发区实施强制性生态保护，严格控制人为活动对自然生态原真性、完整性干扰，严禁不符合主体功能定位的各类开发活动。②禁止在自然保护区核心区、缓冲区开展任何开发建设活动，建设任何生产经营设施。中共中央办公厅、国务院办公厅印发的《关于建立以国家公园为主体的自然保护地体系的指导意见》中指出：①强化监督检查，定期开展“绿盾”自然保护地监督检查专项行动，及时发现涉及自然保护地的违法违规问题。对违反各类自然保护地法律法规等规定，造成自然保护地生态系统和资源环境受到损害的部门、地方、单位和有关责任人员，按照有关法律法规严肃追究责任，涉嫌犯罪的移送司法机关处理。建立督查机制，对自然保护地保护不力的责任人和责任单位进行问责，强化地方政府和管理机构的主体责任。②在保护的前提下，在自然保护地控制区内划定适当区域开展生态教育、自然体验、生态旅游等活动，构建高品质、多样化的生态产品体系。完善公共服务设施，提升公共服务水平。③扶持和规范原住居民从事环境友好型经营活动，践行公民生态环境行为规范，支持和传承传统文化及人地和谐的生态产业模式。推行参与式社区管理，按照生态保护需求设立生态管护岗位并优先安排原住居民。

在自然保护地土地用途管控方面，《重庆金佛山国家级自然保护区管理办法》（南川府办发〔2017〕145号）中指出：在保障原有居民生存权的条件下，自然保护区内原有居民的自用房建设应符合土地管理相关法律规定和自然保护区分区管理相关规定，新建、改建房屋应沿用当地传统民居风格，不应对资源环境和自然景观造成破坏。《关于进一步加强林业自然保护区监督管理工作的通知》（渝林护〔2017〕74号）中提出：①从严控制自然保护区范围和功能区调整，严禁随意改变自然保护区的性质、范围和功能区划，更不得随意撤销已经建立的自然保护区。对存在违法违规活动的自然保护区，须先行整改后再进行自然保护区范围和功能区调整，以加强保护区的土地保护。②全面加强自然保护区的确界工作。设立其他类型保护区域，原则上不得与自然保护区范围交叉重叠，已经存在交叉重叠的，对重叠区域要从严管理。要进一步加强自然保护区边界四至管理，并纳入空间规划。③经批准征收、占用湿地并转为其他用途的用地单位要按照“先补后占、占补平衡”的原则，负责恢复或重建与所占湿地面积和质量相当的湿地，确保湿地面积不减少，不得擅自改变土地用途。

在自然保护地项目建设管控方面，《重庆金佛山国家级自然保护区管理办法》（南川府办发〔2017〕145 号）中提出：①在自然保护区的实验区内，不得建设污染环境、破坏资源或景观的生产设施。②建设其他项目，其污染物排放不得超过国家和地方规定的污染物排放标准。③在自然保护区的实验区内已经建成的设施，其污染物排放超过国家和地方规定排放标准的，应当限期治理；造成损害的，必须采取补救措施限期治理。限期治理决定由法律、法规规定的机关作出，被限期治理的企事业单位必须按期完成治理任务。《关于进一步加强林业自然保护区监督管理工作的通知》（渝林护〔2017〕74 号）中提出：严格管制自然保护区建设项目。要切实加强涉及自然保护区建设项目的准入审查，建设项目选址（线）应尽可能避让自然保护区，确因重大基础设施建设和自然条件等因素限制无法避让的，不得污染环境、破坏自然资源或自然景观。自然保护区内原则上不允许新建与自然保护区功能定位不符的项目。中共中央办公厅、国务院办公厅印发的《关于建立以国家公园为主体的自然保护地体系的指导意见》中指出：①依法清理整治探矿采矿、水电开发、工业建设等项目，通过分类处置方式有序退出；根据历史沿革与保护需要，依法依规对自然保护地内的耕地实施退田还林、还草、还湖、还湿。

在自然保护地准入与退出管控方面，《重庆市人民政府办公厅关于印发 2018 年自然保护区和“四山”管制区矿业权退出工作方案的通知》（渝府办发〔2018〕43 号）中指出：①自然保护区矿业权和“四山”管制规定发布后批准的采矿权，不能通过调整矿区范围等方式退出的，应纳入 2018 年关闭计划。其中，与自然保护区和“四山”管制区范围重叠的采矿权，按照自然保护区相关规定执行。②区县政府、市政府有关部门要严格控制自然保护区和“四山”管制区矿业权审批，禁止新批矿业权，自然保护区内矿山许可证到期一律不得批准延续。③要加强对自然保护区和“四山”管制区退出矿山的监督检查和安全监管，严厉打击违法违规勘查、开采行为。

4.5　本章小结

本章主要对重庆市生态空间管控的现状进行了研究。首先，对重庆市的自然环境、社会经济和生态功能区的划分进行了简单概括。其次，研究了重庆市生态空间的划定概况，其中包括重庆市生态保护红线划定概况和重庆市自然保护地的划定概况。重庆市生态保护红线划定概况：①重庆市生态保护红线面积占全市总面积的 37.3%。②全市共划定生态保护红线斑块 716 个。③在 38 个区县（自治县）、万盛经开区均有分布，主要分布区域为渝东北片区、渝东南片区。重庆自然保护地划定概况：①重庆市共有 61 个自然保护区，93 个森林公园，26 个湿地公园，36 处重庆市风景名胜区，8 处国家级地质公园。②重庆自然保护区主要分布在渝东北秦巴山地地区、三峡库区腹地和渝东南武陵山区、渝中-西丘陵-低山地区，森林公园、风景名胜区在各个区县均有分布，湿地公园主要分布在渝西、渝东北、渝东南地区，国家级风景名胜区主要分布在渝东北地区，地质公园主要分布在渝东南地区。最后，对重庆市生态空间管控的相关政策进行了梳理和总结。通过对重庆市生态保护红线管控政策的梳理，总结如下：①在质量管控方面，提出要确保生态保护红线生态功能不降低、面积不减少、性质不改变。②在划定落地方面，提出要设立统一规范的界桩和标识牌，确保生态保护红线落地准确、边界清晰。③在责权分配方面，要求各有关部门要按照职责分工，加强监督管理，做好指导协调、日常巡护和执法监督。通过对重庆市自然保护地管控政策的梳理，总结如下：①在活动管控方面，要强化监督检查，禁止在自然保护区核心区、缓冲区开展任何开发建设活动，建设任何生产经营设施。②在土地用途管控方面，要从严控制自然保护区范围和功能区调整，确保面积不减少，不得擅自改变土地用途。③在准入与退出管控方面，要加强对自然保护地的监督检查和安全监管，严厉打击违法违规勘查、开采和建设的行为。

5 重庆市生态空间分布与特征

本研究中生态空间的范围是重庆市生态保护红线和自然保护地所构成的核心生态空间。本章首先分别从数量和空间分布对生态保护红线、自然保护地进行分析，然后对生态保护红线和自然保护地的重叠部分进行分析，最后对生态保护红线和自然保护地组成的核心生态空间进行详细分析，同时在生态空间数量和空间分布的基础上展开对生态空间图谱特征的分析。

5.1 生态保护红线和自然保护地数据特征

从各区县和“一区两群”的角度对生态保护红线和自然保护地的数据特征进行详细分析。

5.1.1 生态保护红线数据特征

（1）各区县生态保护红线数据特征

重庆市生态保护红线面积占重庆市行政区总面积的24.81%。生态保护红线在重庆市38个区县（自治县）、万盛经开区均有涉及，但在空间分布上呈现出较明显的差异。总体来看，生态空间主要分布在渝东北片区、渝东南片区及中心城区“四山”地区。渝东北片区的生态保护红线主要集中在城口县、巫溪县、巫山县、开州区、云阳县、奉节县；渝东南片区的生态保护红线主要集中在石柱县、彭水县、酉阳县、秀山县。生态保护红线的主要类型有水源涵养生态保护红线、生物多样性维护生态保护红线、水土保持生态保护红线、水土流失生态保护红线、石漠化生态保护红线等。水源涵养生态保护红线主要分布在垫江、梁平、忠县等区县；生物多样性维护生态保护红线主要分布在三峡库区沿线区县及国家重点生态功能区县；水土保持生态保护红线主要分布在三峡库区沿线区县，包含三峡库区、渝西丘陵两条水土保持生态保护红线；水土流失生态保护红线主要分布在三峡库区沿线区县及渝东北、渝东南，包含方斗山—七曜山、秦巴山区、三峡库区三条水土流失生态保护红线；石漠化生态保护红线主要分布在秀山县、酉阳县、丰都县、武隆区，包含方斗山—七曜山、武陵山两条石漠化生态保护红线。

从表 5-1 可以看出，生态保护红线在数量上的分布也呈现出较大的差异，不同区县之间的面积分布相差较大。具体来看，生态保护红线分布面积达到 1 000 km^2以上的有 9 个区县，分别是城口县、奉节县、开州区、彭水县、石柱县、巫山县、巫溪县、酉阳县、云阳县，其中面积最大的是巫溪县，其生态保护红线面积占生态保护红线总面积的 9.65%。生态保护红线分布面积在 100 km^2以下的区县有 10 个，分别是大渡口区、江北区、九龙坡区、南岸区、荣昌区、沙坪坝区、万盛经开区、永川区、渝中区、忠县，其中生态保护红线分布面积最小的是渝中区，其生态保护红线分布面积仅为 0.25 km^2。从生态保护红线占各区县行政区面积的比例来看，生态保护红线占行政区面积40%以上的区县有 2 个，分别是城口县和武隆区，分别占行政区面积的 54.27% 和 49.06%。生态保护红线占行政区面积 10%以下的区县有 10 个，分别是大渡口区、大足区、涪陵区、合川区、九龙坡区、綦江区、荣昌区、潼南区、永川区、渝中区，其中占行政区面积最小的是渝中区，其生态保护红线仅占行政区面积的 1.09%。

表 5-1　各区县生态保护红线面积分布及占比情况

序号	区县（自治县）	占生态保护红线比例/%	占行政区面积比例/%
1	巴南区	0.90	10.12
2	北碚区	0.74	19.99
3	璧山区	0.78	17.49
4	城口县	8.73	54.27
5	大渡口区	0.05	9.03
6	大足区	0.49	7.00
7	垫江县	0.97	13.14
8	丰都县	2.03	14.30
9	奉节县	6.94	34.58
10	涪陵区	1.14	7.93
11	合川区	0.59	5.18

表5-1(续)

序号	区县（自治县）	占生态保护红线比例/%	占行政区面积比例/%
12	江北区	0.11	10.44
13	江津区	2.66	16.88
14	九龙坡区	0.21	9.86
15	开州区	5.48	28.28
16	梁平区	1.82	19.72
17	南岸区	0.20	15.38
18	南川区	2.89	22.81
19	彭水县	7.33	38.48
20	綦江区	0.81	7.62
21	黔江区	3.01	25.75
22	荣昌区	0.12	2.29
23	沙坪坝区	0.30	15.25
24	石柱县	5.61	38.03
25	铜梁区	0.87	13.28
26	潼南区	0.74	9.56
27	万盛经开区	0.47	17.06
28	万州区	3.62	21.44
29	巫山县	5.26	36.41
30	巫溪县	9.65	49.06
31	武隆区	4.08	28.89
32	秀山县	3.29	27.43
33	永川区	0.48	6.24
34	酉阳县	7.89	31.22
35	渝北区	1.96	27.53
36	渝中区	0.00	1.09
37	云阳县	5.64	31.72
38	长寿区	1.62	23.37
39	忠县	0.49	4.57

（2）“一区两群”生态保护红线数据特征

如表 5-2 所示，重庆市生态保护红线在“一区两群”的分布上呈现出较大的差异。生态保护红线分布最多的是渝东北三峡库区城镇群，其次是渝东南武陵山区城镇群，分布面积最少的是重庆主城都市区。具体来看，重庆主城都市区生态保护红线分布面积占生态保护红线总面积的 18.14%，占全市行政区面积的 4.50%。渝东北三峡库区城镇群生态保护红线分布面积占生态保护红线总面积的 50.64%，占全市行政区面积的 12.57%。渝东南武陵山区城镇群生态保护红线分布面积占生态保护红线总面积的 31.22%，占全市行政区面积的 7.75%。

表 5-2 “一区两群”生态保护红线面积分布及占比情况

序号	一区两群	占生态保护红线比例/%	占行全市政区面积比例/%
1	重庆主城都市区	18.14	4.50
2	渝东北三峡库区城镇群	50.64	12.57
3	渝东南武陵山区城镇群	31.22	7.75

5.1.2 自然保护地数据特征

（1）各区县自然保护地数据特征

重庆市自然保护地面积占重庆市行政区总面积的 13.99%，由国家级自然保护地和市级自然保护地组成，包括自然保护区、风景名胜区、森林公园、湿地公园、地质公园、生态公园和自然遗产等。重庆市自然保护地在除渝中区外的 37 个区县、万盛经开区均有分布。从空间分布上来看，重庆市自然保护地在空间上呈现出明显的分布差异，其主要集中分布在渝东北的城口县、巫山县，渝东南的彭水县、石柱县以及中心城区“四山”地区，其中渝东北的自然保护地分布面积最大。

重庆市自然保护地在各区县的数量分布上也存在较大的差异。从表 5-3 可以看出，自然保护地面积达到 300 km^{2}的区县有 13 个，分别是城口县、奉节县、江津区、开州区、南川区、彭水县、綦江区、黔江区、石柱县、巫山县、巫溪县、酉阳县、云阳县，其中分布面积最大的是彭水县，其占生态空间总面积的 14.3%。自然保护地分布面积在 10 km^{2}以下的区县有 1 个，即大渡口区，其自然保护地面积为 7.65 km^2。从自然保护地占各区县的面积来看，自然保护地占行政区面积的比例主要集中在 10%~30%。自然保护地占行政区面积 30%

以上的区县有3个，分别是城口县38.85%、彭水县42.33%、巫山县42.69%。自然保护地占行政区面积最大的是巫山县，为42.69%；占行政区面积最小的是荣昌区，仅占行政区面积的1.34%。

表5-3 各区县自然保护地面积分布及占比情况

序号	区县（自治县）	占自然保护地比例/%	占行政区面积比例/%
1	巴南区	1.23	7.76
2	北碚区	1.10	16.79
3	璧山区	0.80	10.10
4	城口县	11.09	38.85
5	大渡口区	0.07	7.45
6	大足区	1.04	8.38
7	垫江县	1.11	8.42
8	丰都县	2.02	8.01
9	奉节县	3.76	10.58
10	涪陵区	1.63	6.37
11	合川区	1.05	5.17
12	江北区	0.13	7.00
13	江津区	4.54	16.25
14	九龙坡区	0.29	7.73
15	开州区	2.98	8.66
16	梁平区	0.45	2.73
17	南岸区	0.47	20.77
18	南川区	4.28	19.04
19	彭水县	14.30	42.33
20	綦江区	2.95	15.54
21	黔江区	3.06	14.75
22	荣昌区	0.12	1.34
23	沙坪坝区	0.53	15.46
24	石柱县	3.54	13.55
25	铜梁区	0.53	4.59
26	潼南区	0.22	1.62
27	万盛经开区	1.22	25.01

表5-3(续)

序号	区县（自治县）	占自然保护地比例/%	占行政区面积比例/%
28	万州区	1.89	6.30
29	巫山县	10.95	42.69
30	巫溪县	4.61	13.22
31	武隆区	2.59	10.31
32	秀山县	1.56	7.31
33	永川区	1.03	7.54
34	酉阳县	5.77	12.86
35	渝北区	0.81	6.43
36	云阳县	3.89	12.34
37	长寿区	0.57	4.59
38	忠县	1.82	9.59

（2）“一区两群”自然保护地数据特征

如表5-4所示，重庆市自然保护地在“一区两群”的分布上呈现出较大的差异。生态保护红线分布最多的是渝东北三峡库区城镇群，其次是渝东南武陵山区城镇群，分布面积最少的是重庆主城都市区。具体来看，重庆主城都市区自然保护地分布面积占生态保护红线总面积的24.61%，占全市行政区面积的3.44%。渝东北三峡库区城镇群自然保护地分布面积占生态保护红线总面积的44.57%，占全市行政区面积的6.23%。渝东南武陵山区城镇群自然保护地分布面积占生态保护红线总面积的30.82%，占全市行政区面积的4.31%。

表5-4 “一区两群”自然保护地面积分布及占比情况

序号	一区两群	占自然保护地比例/%	占全市行政区面积比例/%
1	重庆主城都市区	24.61	3.44
2	渝东北三峡库区城镇群	44.57	6.23
3	渝东南武陵山区城镇群	30.82	4.31

5.1.3 生态保护红线与自然保护地空间叠加分析

（1）各区县生态保护红线与自然保护地空间叠加分析

生态保护红线和自然保护地体系均为我国生态文明建设及生态文明体制改

革中的重要工作内容，其概念和内涵存在一定重叠，因此生态保护红线和自然保护地的划定在空间上也存在一定的重叠。通过对生态保护红线和自然保护地进行对比，我们可以看出，重庆市生态保护红线和自然保护地重叠的面积占重庆市行政区总面积的9.92%。重庆市生态红线和自然保护地重叠部分除渝中区外的37个区县、万盛经开区均有分布。重叠部分在空间分布上的规律与生态保护红线和自然保护地在空间分布上的规律相似。重叠部分首先在空间上是分布不均的，其次在空间位置的分布上主要集中在渝东北的城口县和巫山县，渝东南主要集中分布在彭水县和石柱县、酉阳县。

生态保护红线和自然保护地在数量分布上也存在较大的差异（见表5-5）。具体来看，生态保护红线和自然保护地重叠部分主要集中在100 km^2以下，重叠面积达到300 km^2以上的区县有10个，分别是城口县、奉节县、江津区、开州区、南川区、彭水县、石柱县、巫山县、巫溪县、酉阳县，其中重叠面积最大的是彭水县，其占重叠部分总面积的17.15%。从占行政区面积的比例来看，重叠部分占行政区面积的比例主要集中在10%以下，有29个区县；重叠部分占行政区面积10%以上的有9个区县，其中占行政区面积比例最大的是城口县，其占行政区面积的比例为36.98%。

表5-5　各区县生态保护红线与自然保护地重叠部分面积分布及占比情况

序号	区县（自治县）	占重叠部分比例/%	占行政区面积比例/%
1	巴南区	0.94	4.20
2	北碚区	0.80	8.68
3	璧山区	0.98	8.72
4	城口县	14.88	36.98
5	大渡口区	0.06	4.84
6	大足区	0.08	0.46
7	垫江县	0.46	2.51
8	丰都县	2.26	6.37
9	奉节县	3.75	7.48
10	涪陵区	1.77	4.92
11	合川区	0.47	1.64
12	江北区	0.12	4.31
13	江津区	4.66	11.83
14	九龙坡区	0.27	5.15

表5-5(续)

序号	区县（自治县）	占重叠部分比例/%	占行政区面积比例/%
15	开州区	3.75	7.74
16	梁平区	0.29	1.27
17	南岸区	0.28	8.74
18	南川区	5.06	15.99
19	彭水县	17.15	36.00
20	綦江区	1.64	6.12
21	黔江区	3.24	11.08
22	荣昌区	0.09	0.68
23	沙坪坝区	0.33	6.78
24	石柱县	4.18	11.34
25	铜梁区	0.67	4.09
26	潼南区	0.14	0.70
27	万盛经开区	0.92	13.35
28	万州区	1.83	4.34
29	巫山县	9.59	26.53
30	巫溪县	4.92	10.01
31	武隆区	3.22	9.11
32	秀山县	1.33	4.43
33	永川区	0.72	3.73
34	酉阳县	5.29	8.37
35	渝北区	0.70	3.90
36	云阳县	2.50	5.63
37	长寿区	0.03	0.15
38	忠县	0.64	2.38

（2）“一区两群”生态保护红线与自然保护地空间叠加分析

如表5-6所示，重庆市生态保护红线与自然保护地空间重叠部分在“一区两群”的分布上呈现出较大的差异。生态保护红线与自然保护地空间重叠部分最多的是渝东北三峡库区城镇群，其次是渝东南武陵山区城镇群，而空间重叠面积分布最少的是重庆主城都市区。具体来看，重庆主城都市区生态保护红线与自然保护地空间重叠部分分布面积占生态保护红线总面积的20.73%，占全市行政区面积的2.05%。渝东北三峡库区城镇群生态保护红线与自然保护地空间重叠部分分布面积为占生态保护红线总面积的44.87%，占全市行政区面积的4.45%。渝东南武陵山区城镇群生态保护红线与自然保护地空间重叠部分分布面积占生态保护红线总面积的34.41%，占全市行政区面积的3.41%。

表5-6 “一区两群”生态保护红线与自然保护地重叠部分面积分布及占比情况

序号	一区两群	占重叠部分比例/%	占全市行政区面积比例/%
1	重庆主城都市区	20.73	2.05
2	渝东北三峡库区城镇群	44.87	4.45
3	渝东南武陵山区城镇群	34.41	3.41

5.2 生态空间数据特征

本节将从各区县和“一区两群”的角度对生态空间的数据特征进行详细分析，再通过重庆市生态功能区划，分析生态保护红线在生态功能区划上的分布。

5.2.1 生态空间在各区县的分布

(1) 各区县生态空间数据特征

重庆市生态空间总面积占重庆市行政区总面积的28.84%。生态空间在重庆市38个区县（自治县）、万盛经开区均有涉及，但在空间分布上呈现出较明显的差异。总体来看，生态空间主要分布在渝东北片区和渝东南片区。渝东北片区的生态空间主要集中在城口县、巫溪县、巫山县、开州区、云阳县、奉节县；渝东南片区的生态空间主要集中在石柱县、彭水县、酉阳县、秀山县。

(2) “一区两群”生态空间数据特征

如表5-7所示，重庆市生态空间数量在各区县的分布呈现出较大的差异。从各区县生态空间面积占比来看，全市38个区县、万盛经开区的生态空间面积占总生态空间面积的比例均在10%以下。从生态空间占行政区的面积来看，全重庆市生态空间面积达到行政区面积50%及以上的区县有城口县、巫山县和巫溪县3个区县；生态空间面积占其行政区面积10%以下的区县有4个，分别是涪陵区、合川区、荣昌区、渝中区。其中，生态空间分布面积最大的是巫溪县，其生态空间面积占总生态空间面积的 8.84%，占巫溪县行政面积的 52.24%；生态空间分布面积最小的是渝中区，其生态空间面积占渝中区行政区面积的 1.09%。

表 5-7　各区县生态空间面积分布及占比情况

序号	区县（自治县）	占生态空间比例/%	占行政区面积比例/%
1	巴南区	1.05	13.68
2	北碚区	0.89	28.11
3	璧山区	0.73	18.87
4	城口县	7.76	56.04
5	大渡口区	0.05	11.65
6	大足区	0.90	14.91
7	垫江县	1.21	19.04
8	丰都县	1.95	15.95
9	奉节县	6.49	37.63
10	涪陵区	1.16	9.38
11	合川区	0.86	8.71
12	江北区	0.12	13.12
13	江津区	2.88	21.25
14	九龙坡区	0.23	12.44
15	开州区	4.87	29.19
16	梁平区	1.67	21.07
17	南岸区	0.30	27.41
18	南川区	2.81	25.82
19	彭水县	7.34	44.81
20	綦江区	1.56	16.96
21	黔江区	2.95	29.31
22	荣昌区	0.13	2.94
23	沙坪坝区	0.40	23.94
24	石柱县	5.10	40.24
25	铜梁区	0.78	13.77
26	潼南区	0.70	10.48
27	万盛经开区	0.68	28.66
28	万州区	3.40	23.40

表5-7(续)

序号	区县（自治县）	占生态空间比例/%	占行政区面积比例/%
29	巫山县	6.52	52.41
30	巫溪县	8.84	52.24
31	武隆区	3.66	30.08
32	秀山县	3.12	30.22
33	永川区	0.67	10.05
34	酉阳县	7.76	35.68
35	渝北区	1.84	30.02
36	渝中区	0.00	1.09
37	云阳县	5.87	38.38
38	长寿区	1.66	27.72
39	忠县	1.08	11.78

如表5-8所示，重庆市生态空间在“一区两群”的分布上呈现出较大的差异，生态保护红线分布最多的是渝东北三峡库区城镇群，其次是渝东南武陵山区城镇群，分布面积最少的是重庆主城都市区。具体来看，重庆主城都市区生态空间分布面积占生态保护红线的20.40%，占全市行政区面积的5.88%；渝东北三峡库区城镇群生态空间分布面积占生态保护红线的49.66%，占全市行政区面积的14.33%；渝东南武陵山区城镇群生态空间分布面积占生态保护红线的29.93%，占全市行政区面积的8.63%。

表5-8 “一区两群”生态空间面积分布及占比情况

序号	一区两群	占全市行政区面积比例/%	生态空间面积/km^2	占生态空间比例/%
1	重庆主城都市区	41.16	4 847.21	20.40
2	渝东北三峡库区城镇群	24.04	11 804.28	49.66
3	渝东南武陵山区城镇群	34.80	7 114.30	29.93

5.2.2 生态空间在功能区上的分布

如表5-9所示，一级生态功能区划中渝东南、湘西及黔鄂山地常绿阔叶林生态区生态空间分布面积占生态空间总面积的29.92%；三峡库区（腹地）平行岭谷低山-丘陵生态区生态空间分布面积占生态空间总面积的33.09%；渝中-西丘陵-低山生态区生态空间分布面积占生态空间总面积的15.54%；秦巴山地常绿阔叶-落叶林生态区生态空间分布面积占生态空间总面积的 16.56%；都市区人工调控生态区生态空间分布面积占生态空间总面积 4.90%。其中，生态空间分布面积最大的是三峡库区（腹地）平行岭谷低山-丘陵生态区间。

二级生态功能区划中大巴山常绿-落叶阔叶林生态亚区生态空间分布面积占生态空间总面积的 16.56%；三峡水库水体保护生态亚区生态空间分布面积占生态空间总面积的 30.20%；梁平-垫江农业生态亚区生态空间分布面积占生态空间总面积的 2.89%；方斗山-七曜山常绿阔叶林生态亚区生态空间分布面积占生态空间总面积的 8.74%；渝东南岩溶石山林草生态亚区生态空间分布面积占生态空间总面积的 21.19%；长寿-涪陵低山丘陵农林生态亚区生态空间分布面积占生态空间总面积的 2.86%；渝西南常绿阔叶林生态亚区生态空间分布面积占生态空间总面积的 7.92%；渝西丘陵农业生态亚区生态空间分布面积占生态空间总面积的 4.75%；都市区城市生态调控亚区生态空间分布面积占生态空间总面积的 4.90%。其中，生态空间分布面积最大的是三峡水库水体保护生态亚区。

三级生态功能区划大巴山水源涵养-生物多样性保护生态功能区生态空间分布面积占生态空间总面积的 16.56%；巫山-奉节水体保护-水源涵养生态功能区生态空间分布面积占生态空间总面积的 13.02%；三峡库区（腹地）水体保护-水土保持生态功能区生态空间分布面积占生态空间总面积的 17.18%；梁平-垫江营养物质保持生态功能区生态空间分布面积占生态空间总面积的 2.89%；方斗山-七曜山水源涵养-生物多样性生态功能区生态空间分布面积占生态空间总面积的 8.74%；黔江-彭水石漠化敏感区生态空间分布面积占生态空间总面积的 8.74%；酉阳-秀山水源涵养生态功能区生态空间分布面积占生态空间总面积的 10.87%；长寿-涪陵水体保护-营养物质保持生态功能区生态空间分布面积占生态空间总面积的 2.86%；南川-万盛常绿阔叶林生物多样性保护生态功能区生态空间分布面积占生态空间总面积的 3.49%；江津-綦江低山丘陵水文调蓄生态功能区生态空间分布面积占生态空间总面积的 4.43%；永川-璧山水土保持-营养物质保持生态功能区生态空间分布面积占生态空间总面积的 1.39%；渝西方山丘陵营养物质保持-水体保护生态功能区生态空间分布面积占生态空间总面积的 3.36%；都市核心生态恢复生态功能区生态空间分布面积占生态空间总面积的 1.07%；都市外围生态调控生态功能区生态空间分布面积占生态空间总面积的 3.84%。其中，生态空间分布面积最大的是三峡库区（腹地）水体保护-水土保持生态功能区。

表 5-9　不同生态功能单元生态空间分布及占比情况

生态功能区划等级	生态功能区划类型	分布区县	生态空间占比/%
一级生态功能区划	渝东南、湘西及黔鄂山地常绿阔叶林生态区	石柱县、武隆区、彭水县、黔江区、酉阳县、秀山县	29.92
	三峡库区（腹地）平行岭谷低山-丘陵生态区	巫山县、奉节县、云阳县、开州区、万州区、梁平区、忠县、垫江县、丰都县	33.09
	渝中-西丘陵-低山生态区	长寿区、涪陵区、南川区、万盛经开区、綦江区、江津区、璧山区、永川区、荣昌区、大足区、潼南区、合川区	15.54
	秦巴山地常绿阔叶-落叶林生态区	城口县、巫溪县	16.56
	都市区人工调控生态区	渝北区、江北区、渝中区、南岸区、沙坪坝区、九龙坡区、巴南区、大渡口区、北碚区	4.90
二级生态功能区划	大巴山常绿-落叶阔叶林生态亚区	城口县、巫溪县	16.56
	三峡水库水体保护生态亚区	巫山县、奉节县、云阳县、开州区、万州区、忠县、丰都县	30.20
	梁平-垫江农业生态亚区	梁平区、垫江县	2.89
	方斗山-七曜山常绿阔叶林生态亚区	石柱县、武隆区	8.74
	渝东南岩溶石山林草生态亚区	彭水县、黔江区、酉阳县、秀山县	21.19
	长寿-涪陵低山丘陵农林生态亚区	长寿区、涪陵区	2.86
	渝西南常绿阔叶林生态亚区	南川区、万盛经开区、綦江区、江津区	7.92
	渝西丘陵农业生态亚区	璧山区、永川区、荣昌区、大足区、潼南区、合川区	4.75
	都市区城市生态调控亚区	渝北区、江北区、渝中区、南岸区、沙坪坝区、九龙坡区、巴南区、大渡口区、北碚区	4.90

表5-9(续)

生态功能区划等级	生态功能区划类型	分布区县	生态空间占比/%
三级生态功能区划	大巴山水源涵养-生物多样性保护生态功能区	城口县、巫溪县	16.56
	巫山-奉节水体保护-水源涵养生态功能区	巫山县、奉节县	13.02
	三峡库区(腹地)水体保护-水土保持生态功能区	云阳县、开州区、万州区、忠县、丰都县	17.18
	梁平-垫江营养物质保持生态功能区	梁平区、垫江县	2.89
	方斗山-七曜山水源涵养-生物多样性生态功能区	石柱县、武隆区	8.74
	黔江-彭水石漠化敏感区	黔江区、彭水县	10.31
	酉阳-秀山水源涵养生态功能区	酉阳县、秀山县	10.87
	长寿-涪陵水体保护-营养物质保持生态功能区	长寿区、涪陵区	2.86
	南川-万盛常绿阔叶林生物多样性保护生态功能区	南川区、万盛经开区	3.49
	江津-綦江低山丘陵水文调蓄生态功能区	綦江区、江津区	4.43
	永川-璧山水土保持-营养物质保持生态功能区	永川区、璧山区	1.39
	渝西方山丘陵营养物质保持-水体保护生态功能区	荣昌区、大足区、铜梁区、潼南区、合川区	3.36
	都市核心生态恢复生态功能区	渝北区、北碚区、巴南区、大渡口区、	1.07
	都市外围生态调控生态功能区	江北区、渝中区、南岸区、沙坪坝区、九龙坡区	3.84

5.3 生态空间图谱特征

图谱是指经过综合分析，用于反映事物和现象的空间结构特征与时空序列变化规律的一种信息出路与显示方法。“图”主要是指空间信息图面表现形式的地图，包括图像、图解等其他图形表现形式；“谱”是众多同类事物或现象的系统排列，是按照事物特征所建立的系统或按时间序列所建立的体系，亦称“谱系”。生态空间图谱也能够运用斑块指数来反映区域内生态空间的变化，从而分析出该区域生态空间的图谱特征及规律。根据研究的需要，本部分建立了生态空间面积指标层、斑块密度指标层、斑块形状指标层、边缘指标层、聚合指标层共五个指标层对生态空间的图谱特征和规律进行研究。在指标选择上，本部分选取了景观类型百分比指数（PLAND）、最大斑块指数（PLI）、斑块密度指数（PD）、平均斑块大小指数（AREA_MN）、形状指数（LSI）、面积加权平均斑块分维数（FRAC_AM）、周长面积分维数（PAFRAC）、边缘密度指数（ED）以及聚合指数（AI）9个指标来进行分析研究（见表5-10）。

表5-10　生态空间图谱特征指标构建

指标层	指标	计算公式	指标说明
面积指标	景观类型百分比指数（PLAND）	$PLAND = \sum_{j=1}^{n} a_j / A(100)$	确定景观类型在整个景观中面积的比例
	最大斑块指数（LPI）	$LPI = [\max(a_1, a_2, \cdots, a_j)] / A(100)$	确定优势景观的类型
密度指标	斑块密度指数（PD）	$PD = N/A(10\ 000)(100)$	反映生态空间被分割的破碎程度
	平均斑块大小指数(AREA_MN)	$AREA\_MN = A/N$	反映生态空间的破碎程度和异质性
形状指标	形状指数（LSI）	$LSI = 0.25E/\sqrt{A}$	反映生态空间整体的形状复杂程度
	面积加权平均斑块分维数（FRAC_AM）	$FRAC\_AM = \sum_{i=1}^{m} \sum_{j=1}^{n} \left[\frac{2\ln(0.25p_{ij})}{\ln(a_{ij})} \left(\frac{a_{ij}}{A} \right) \right]$	确定斑块形状对内部生态过程影响的指标
	周长面积分维数（PAFRAC）	$PAFRAC = \frac{2\left[\left(n_i \sum_{j=1}^{n} \ln p_{ij}^2 \right) - \left(\sum_{j=1}^{n} \ln p_{ij} \right)^2 \right]}{\left[n_i \sum_{j=1}^{n} (\ln p_{ij} \times \ln a_{ij}) \right] - \left[\left(\sum_{j=1}^{n} \ln p_{ij} \right) \times \left(\sum_{j}^{n} \ln a_{ij} \right) \right]}$	反映生态空间在不同空间尺度的形状复杂性

表5-10(续)

指标层	指标	计算公式	指标说明
边缘指标	边缘密度指数(ED)	$ED = (\sum_{k=1}^{m} a_{ik}/A)(100)$	反映生态空间的边缘效应
聚合指标	聚合指数(AI)	$AI = \left[\frac{a_{ii}}{\max \rightarrow a_{ii}}\right](100)$	反映生态空间里不同斑块类型的团聚程度或延展趋势

从表5-11和图5-1可以看出，全重庆市生态空间最大斑块指数（LPI）为6.495 8，斑块密度指数（PD）为0.119 0，平均斑块大小指数（AREA_MN）为19.936 6，形状指数（LSI）为6.495 8，面积加权平均斑块分维数（FRAC_AM）为298.336 3，周长面积分维数（PAFRAC）为1.397 4，边缘密度指数（ED）为0.588 6，聚合指数（AI）为93.350 5，综合以上指标可以看出生态空间斑块的形状简单，受人为干扰的程度较大。

根据表5-11、图5-2和图5-3分析重庆市各区县生态空间图谱特征，从景观类型百分比指数（PLAND）来看，PLAND较高的区县有永川县、酉阳县、武隆区、巫溪县、忠县、巴南区，其中PLAND最高的是永川区，其PLAND达到8.839 1，最低的是长寿区，其PLAND为0.000 9，这说明生态空间的景观类型在各区县的分布呈现较大的差异，不同区县间的生态空间总量差距较大。从最大斑块指数（LPI）来看，LPI较高的区县有酉阳县、永川区、武隆区、巫溪县、铜梁县、忠县6个区县，其中LPI最高的是武隆区，其LPI达到6.495 8，最低的是长寿区，其LPI为0.000 9，这说明生态空间的最大斑块组成在不同的区县也有很大的差异。从斑块密度指数（PD）来看，全市各区县的PD都较低，PD最高的区县是万州区，其PD为0.013 6。从平均斑块大小指数（AREA_MN）来看，AREA_MN均介于1.0~1.1，其中最高的是长寿区，其AREA_MN为1.138 6。从形状指数（LSI）来看，各区县的LSI波动较大，其中LSI最高的区县是秀山县，其LSI为28.437 6，最低的区县是长寿区，其LSI为2.2。这说明各区县生态空间的斑块形状差异较大，有的区县如长寿区斑块较为规则，人为对生态空间的干扰较大，生态空间不够稳定；如秀山县LSI较高，这说明行政区域内的生态空间斑块形状较丰富，人为干扰较少，生态较稳定。从面积加权平均斑块分维数（FRAC_AM）来看，各区县FRAC_AM较为稳定，为1.0~1.3，其中FRAC_AM最高的区县是北碚区，其FRAC_AM为1.238 9，这说明各区县生态空间斑块形状对内部生态的影响非常相似。从周长面积分维数（PAFRAC）来看，各区县的PAFRAC相对稳定，为1.2~1.5，其中PAFRAC最高的是九龙坡区，其PAFRAC为1.504 8，这说明各区县生态空间在不同空间尺度的形状复杂性差异较小。从边缘密度指数（ED）来看，各区县的 ED 为 0~0.07，其中 ED 最高的是秀山县，其 ED 为 0.065 2，这说明各区县生态空间的边缘效应差异较小。从聚合指数（AI）来看，除梁平区、黔江区、江津区、长寿区、彭水县、渝北区 6 个区县外，大部分区县相对稳定，AI 在 90 以上。其中 AI 最大的是忠县，其 AI 为 98.995 1，最低的是长寿区，其 AI 为 64.705 9，这说明各区县生态空间斑块的团聚程度差异较大。

表 5-11 各区县生态空间图谱特征指数

行政区	PLAND	LPI	PD	FRAC_MN	LSI	FRAC_AM	PAFRAC	ED	AI
全市	—	6.495 8	0.119	298.336 3	6.495 8	19.936 6	1.397 4	0.588 6	93.350 5
酉阳县	7.753 1	6.104 1	0.000 9	1.072 2	12.970 9	1.203 9	1.372 5	0.046 7	97.203 5
永川区	8.839 1	4.514 6	0.001 3	1.076 3	14.080 7	1.177 8	1.305 8	0.060 2	97.139 2
秀山县	4.868 1	1.825 6	0.004 2	1.057 3	28.437 6	1.222 9	1.443	0.065 2	91.902 3
武隆区	6.516 6	6.495 8	0.000 8	1.048 6	6.351 5	1.171 7	1.299 3	0.025 1	98.635 3
万州区	5.867 8	2.127 1	0.013 6	1.047 5	29.123 2	1.229 2	1.448 7	0.061 7	92.448 6
巫溪县	6.513 2	4.784 3	0.011 4	1.039 4	20.908 5	1.232 8	1.445 5	0.036 6	94.926 9
万盛经开区	3.402 9	1.886 3	0.008	1.068 5	21.114 2	1.211 6	1.451 4	0.041 4	92.900 1
巫山县	1.677 7	0.914 5	0.003 1	1.042 5	18.02	1.212	1.450 3	0.014 2	91.420 9
铜梁区	5.100 7	4.351 3	0.003 1	1.053 2	14.977	1.232 1	1.425 9	0.033 4	95.970 8
潼南区	1.082 9	0.403	0.005 6	1.066 5	13.523 4	1.149 4	1.451 6	0.021 3	92.142 1
石柱县	1.213 3	0.644 4	0.001 2	1.051	7.167 6	1.133 1	1.301 6	0.039 2	96.342 9
大渡口区	1.658 2	0.875 3	0.002 1	1.062 1	8.090 5	1.149 9	1.343 4	0.046 2	96.402
綦江区	1.946 5	1.082	0.007	1.056 8	13.589 3	1.176 9	1.418 2	0.045 6	94.108 8
丰都县	0.860 7	0.552 7	0.001 2	1.079	12.700 3	1.196	1.367 9	0.021 3	91.735
沙坪坝区	1.842	0.776 4	0.001 3	1.081 8	14.763 7	1.217 7	1.409 7	0.043 4	93.382 4
渝中区	0.887 1	0.455 7	0.000 7	1.068 8	11.945	1.219 7	1.434 7	0.060 6	92.395 5
梁平区	0.776 9	0.354 8	0.001 5	1.068 3	16.441 2	1.216 6	1.490 4	0.040 6	88.543 4
九龙坡区	1.160 4	0.726	0.014 6	1.063 3	15.879 9	1.138 1	1.504 8	0.024 7	90.963 1
荣昌区	0.726 1	0.257 7	0.001 6	1.073 9	10.749	1.145 1	1.351 6	0.059 1	92.514 5
南岸区	0.865 6	0.193 3	0.001 6	1.068 6	12.344 9	1.137 6	1.335 7	0.031 6	92.031 9
忠县	7.342 3	4.353 4	0.000 6	1.044 7	5.185 4	1.124 8	1.223 4	0.033 2	98.995 1

表5-11(续)

行政区	PLAND	LPI	PD	FRAC_MN	LSI	FRAC_AM	PAFRAC	ED	AI
合川区	0. 400 0	0. 281 5	0. 000 5	1. 073 3	6. 964 3	1. 160 2	1. 349	0. 021 5	93. 788 5
垫江县	2. 948 2	1. 171	0. 001 5	1. 065	11. 526 4	1. 170 2	1. 314 2	0. 017 5	96. 004 2
黔江区	0. 132 3	0. 049	0. 002 5	1. 068 3	15. 442 5	1. 194 3	1. 575 9	0. 003 2	73. 570 9
涪陵区	1. 049 5	0. 456	0. 001 9	1. 055 4	10. 082 3	1. 161 2	1. 341 7	0. 013 1	94. 210 9
奉节县	3. 658 4	1. 066 2	0. 002 1	1. 061	14. 237 3	1. 165 5	1. 353 3	0. 057 9	95. 494
江津区	0. 122 5	0. 058 1	0. 003 1	1. 030 8	8. 185 2	1. 161	1. 431	0. 004 5	86. 419 3
江北区	0. 303	0. 233 8	0. 001 7	1. 044 2	5. 294 1	1. 093 7	1. 324 6	0. 011 4	94. 872 2
南川区	0. 667 5	0. 447 4	0. 002 1	1. 069 3	9. 583 3	1. 134 4	1. 365 6	0. 032 7	93. 129
长寿区	0. 000 9	0. 000 9	0. 000 1	1. 138 6	2. 2	1. 138 6	1. 375 5	0. 001 2	64. 705 9
彭水县	0. 224 7	0. 067 9	0. 001 2	1. 077 1	9. 496 6	1. 134 3	1. 369 4	0. 027 9	88. 146 5
开州区	0. 031 8	0. 030 8	0. 000 2	1. 087 6	2. 509 1	1. 091 7	1. 283 5	0. 005	94. 295 5
大足区	2. 878 6	1. 207	0. 008 7	1. 054 6	13. 702 3	1. 144 8	1. 418 7	0. 043 4	95. 117 4
渝北区	0. 050 2	0. 035 8	0. 000 3	1. 065 5	4. 485 7	1. 134 7	1. 365 1	0. 004 9	89. 473 7
巴南区	7. 759 3	3. 202 7	0. 001 3	1. 080 7	18. 506 4	1. 206 5	1. 383 5	0. 034 9	95. 913 7
城口县	2. 813 7	2. 714 4	0. 000 9	1. 072 8	4. 166	1. 098	1. 287 6	0. 007 6	98. 769 2
云阳县	1. 559 3	0. 932 9	0. 001 7	1. 070 8	5. 181 3	1. 073 5	1. 251 6	0. 001 8	97. 811 2
璧山区	0. 676 7	0. 592 1	0. 000 5	1. 070 7	4. 452 8	1. 111 9	1. 257 2	0. 007	97. 252
北碚区	3. 122	1. 108 1	0. 002 3	1. 034 1	20. 486 2	1. 238 9	1. 444 1	0. 018 7	92. 818 1

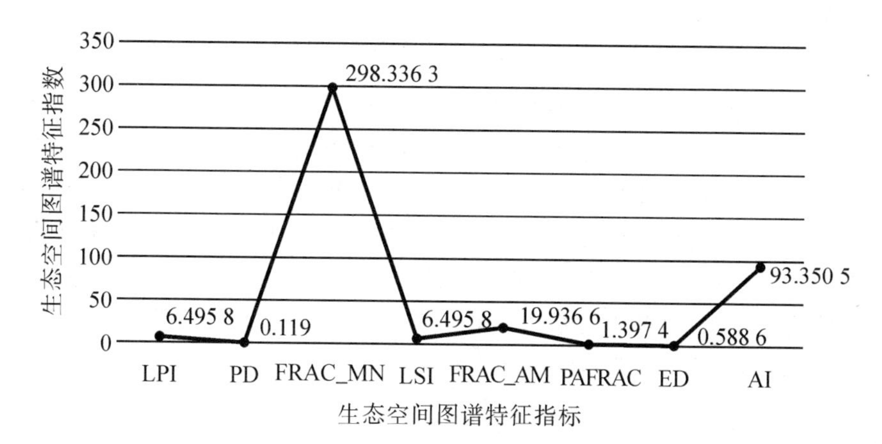

图 5-1　全市生态空间图谱特征指数

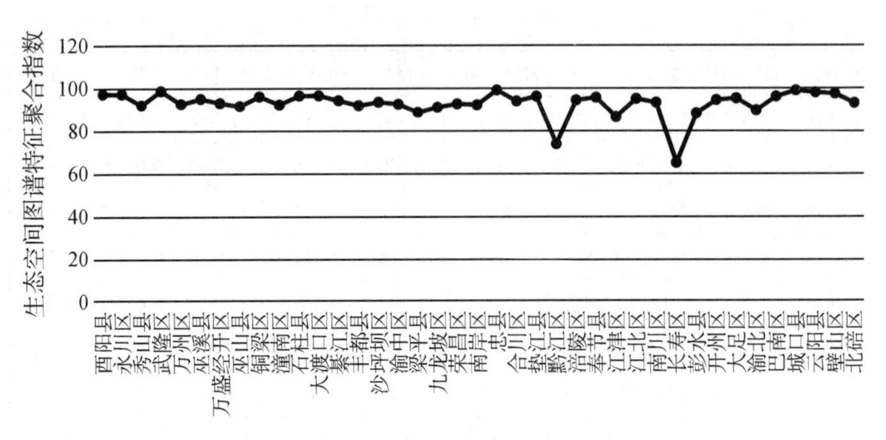

图 5-2 各区县生态空间图谱特征 AI 变化

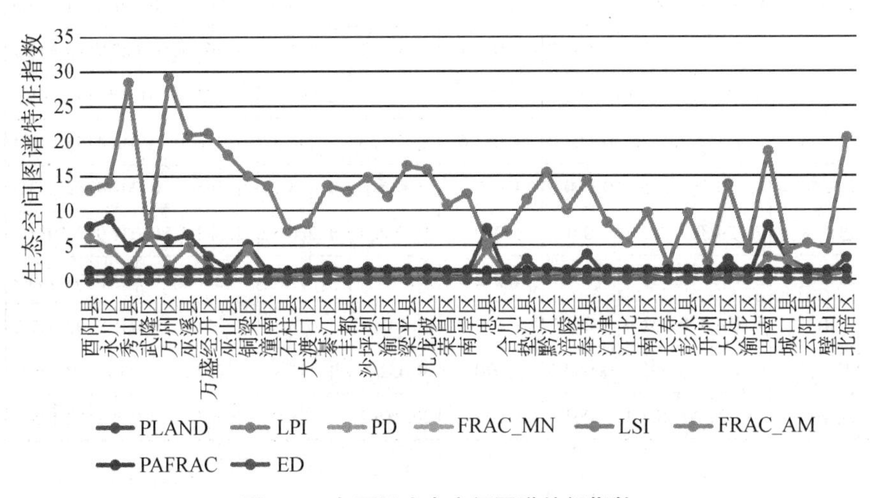

图 5-3 各区县生态空间图谱特征指数

通过对重庆市生态空间图谱特征的分析我们可以看出，重庆市生态空间斑块形状简单，受人为干扰的程度较大，生态稳定性较低。从全市各区县来看，其生态空间的图谱特征表现为：①重庆市生态空间斑块形状简单，受人为干扰的程度较大，生态稳定性较低；②各区县生态空间斑块分布的数量差异较大，且各行政区域内斑块的大小也存在较大的差异 ；③全市生态空间斑块破碎度整体较低，但各区县破碎度差异较大；④各区县生态空间的斑块形状差异较大，且斑块的团聚效应差异也十分明显。

5.4 本章小结

同时摸清生态空间的分布规律和图谱特征规律对全面认识生态空间十分重要，同时对针对性制定适合重庆市实际情况的生态空间管控策略和政策十分必要。从前文对生态保护红线、自然保护地以及生态空间的详细分析可以看出，生态空间在数量、空间分布以及图谱特征均呈现出明显的规律。

通过对生态空间的空间分布和数量特征进行分析可以看出：①生态保护红线和自然保护地在空间分布和数量上均呈现出较大的差异，其集中分布在渝东北的城口县、巫山县，渝东南的彭水县、石柱县以及中心城区“四山”地区，其中渝东北的分布最为集中。②生态空间和自然保护地重叠部分面积较大，且主要集中在渝东北的城口县和巫山县，渝东南主要集中分布在彭水县和石柱县、酉阳县。因此，在对生态保护红线和生态空间进行管控时，要注意把握和区分重点区域，采取分级的手段进行管控。③生态空间在空间分布上呈现出较明显的差异。生态空间主要分布在渝东北片区和渝东南片区，渝东北片区的生态空间主要集中在城口县、巫溪县、巫山县、开州区、云阳县、奉节县；渝东南片区的生态空间主要集中在石柱县、彭水县、酉阳县、秀山县。④重庆市生态空间在“一区两群”的分布上呈现出较大的差异。生态保护红线分布最多的是渝东北三峡库区城镇群，其次是渝东南武陵山区城镇群，分布面积最少的是重庆主城都市区。

重庆市生态空间的图谱特征呈现一定的规律性：①重庆市生态空间斑块形状简单，受人为干扰的程度较大，生态稳定性较低。②各区县生态空间斑块分布的数量差异较大，且各行政区域内斑块的大小也存在较大的差异。③全市生态空间斑块破碎度整体较小，但各区县破碎度差异较大。④各区县生态空间的斑块形状差异较大，且斑块的团聚效应差异也十分明显。

6 重庆市“十三五”期间生态空间生境质量评价

生态空间管控主要是对数量和质量的管控，然而我们通过对现有的生态空间管控的文件、文献以及案例等的研究发现，目前各地在生态空间管控过程中常常忽视了对质量的管控。本章将选择植被覆盖度、建筑指数、图斑破碎度指数三个表征指标来建立模型，对全市生态空间生境质量进行评价。

6.1 生态空间生境质量评价模型建立

6.1.1 指标选择和指标体系建立原则

本研究将建立生态空间质量综合评价指标，重点分析自然要素和人为干扰要素对生态环境质量的影响，从而选取影响生态空间质量的代表性指标。采用的指标应该能够准确地反映生态空间质量的现实状况，为此，指标体系的建立应遵循以下基本原则：

（1）科学性和可获取性。科学性是指标体系建立的基础，每个指标都应该是独立的、相对稳定的，并能够反映城市生态系统的组成部分、能够反映指标之间的相互联系、能够度量生态环境质量的优劣的，最重要的是指标要具有可获得性，便于操作。

（2）动态性。经济迅速发展、技术水平不断提高，而生态环境就是在生态系统与不断变化的经济系统和技术系统相互作用、相互依存中发生变化的，因此，选取的指标也应该能反映这种动态性特点。

（3）指标定量化。选取的指标要定量化，且数据要具有可获得性。各个因子对于区域生态环境质量所产生的影响程度和方式不同，因此它们对于生态环境状况的形成与演变的重要性也不相同，我们必须用定量化的方法区别对待，以避免定性分析的种种不足。

（4）实用性和前瞻性。指标选取的实用性是指选取的指标要简化，数据要易于获取。另外，指标选取要充分考虑到前瞻性，其不仅要反映生态空间目前的状况，也要能够表述过去和现在生态环境各要素之间的关系，力求每个指标都能够反映生态空间质量的本质特征和未来取向。

因此，在充分考虑指标选择的原则和数据可获得性的基础上，本研究选择植被覆盖度、建筑指数、图斑破碎度指数作为评价生态空间质量的指标。

6.1.2 数据选择及预处理

（1）数据选择及评价单元划分

本研究生态空间质量评价的数据源采用由美国陆地卫星（Landsat）搭载的TM传感器（2002年、2006年和2010年）和OLI_TIRS传感器（2014年和2018年）所拍摄的遥感影像。要覆盖整个重庆市，需要8景影像，其轨道号分别为126038、126039、126040、127038、127039、127040、128039和128040。本研究中2002年、2006年、2010年的影像采用Landsat4-5 TM所拍摄的数据，TM影像数据的7个波段中包含的信息量十分丰富，因此遥感影像数据被农业部门、资源环境部门等广泛使用，其中TM影像数据除第6波段的空间分辨率为120m外，其余波段的空间分辨率均为30m。本研究中2014年、2018年的影像采用的是Landsat8 OLI_TIRS卫星所拍摄的影像数据，Landsat8相比Landsat4和Landsat5增加了4个波段，影像数据所呈现的数据范围更加精确，其空间分辨率除第8波段为15m和第10、11波段空间分辨率为100m外，其余波段的空间分辨率均为30m。根据可获取的数据和研究的需要，本研究采用以30m×30m的栅格作为评价单元，从“状态”“干扰”“格局”三个方面出发，选择植被覆盖度、归一化建筑指数以及图斑破碎度表征指标建立模型对生态空间进行评价，进而得到重庆市生态空间的生境质量。

（2）数据预处理

卫星所采集到的影像数据会受到诸如气候、地貌、太阳高度角以及传感器内部结构等的影响而引起遥感影像失真，因此影像数据在使用前须进行预处理。预处理过程主要通过ArcGIS10.3、ERDAS9.1和ENVI5.3软件进行，其主要预处理过程包括对影像进行波段合成、几何校正、辐射定标、大气矫正、影像裁剪等。

6.1.3 评价模型建立

（1）植被覆盖度模型

植被覆盖度指数能用于反应区域覆被情况。植被覆盖度与生态环境质量状况有着紧密联系，一般来说，在不受其他因子影响的情况下，植被覆盖度高的区域，其生态环境质量较好；反之，其生态环境质量较差。运用 Landsat 影像的归一化植被指数反映植被覆盖度，其计算方法为：

$$NDVI=\frac{NIR-Red}{NIR+Red} \tag{1}$$

式中：对于 Landsat4-5 卫星，NIR 为 band4，Red 为 band3；对于 Landsat8 卫星，NIR 为 band5，Red 为 band4。NDVI 范围为［-1，1］，其中 NDVI 小于 0 时，通常表示地表由云、水、雪等覆盖；NDVI 为 0 时，通常表示地表由岩石或裸土地等覆盖；NDVI 为 1 时，通常表示地表植被覆盖十分丰富。

根据栅格计算将植被覆盖波动进行等级划分，其总共被划分为八个等级（如表 6-1 所示）：第一等级为［-2，-1），剧烈波动，生态空间质量显著变差；第二等级为［-1，-0.6），较大波动，生态空间质量明显变差；第三等级为［-0.6，-0.3），中级波动，生态空间质量变差；第四等级为［-0.3，0），波动，生态空间质量略微变差；第五等级为［0，0.3），波动，生态空间质量略微变好；第六等级为［0.3，0.6），中级波动，生态空间质量变好；第七等级为［0.6，1），较大波动，生态空间质量明显变好；第八等级为［1，2］，剧烈波动，生态空间质量显著变好。

表 6-1　生态空间植被覆盖波动等级划分

范围划定	等级	波动性质
-2.0≤To<-1.0	1	剧烈波动，显著变差
-1.0≤To<-0.6	2	较大波动，明显变差
-0.6≤To<-0.3	3	中级波动，变差
-0.3≤To<0.0	4	波动，略微变差
0.0≤To<0.3	5	波动，略微变好
0.3≤To<0.6	6	中级波动，变好
0.6≤To<1.0	7	较大波动，明显变好
1.0≤To≤2.0	8	剧烈波动，显著变好

（2）归一化建筑指数模型

归一化建筑指数是用于反映区域内建设用地变化的指标。归一化建筑指数与生态环境质量状况有着紧密联系，它可以准确反映建筑用地信息，建筑指数低的区域，其生态环境质量较好，反之，其生态环境质量较差。其计算方法为：

$$\text{NDBI}=\frac{\text{MIR}-\text{NIR}}{\text{MIR}+\text{NIR}} \tag{2}$$

式中：NIR 表示近红外波段的反射率，MIR 表示中红外波段的反射率。NDBI 分布在［-1，1］，当 NDBI 的值大于 0 时，表示该区域为建筑用地。

（3）图斑破碎度模型

图斑破碎度指数是用于反映区域内斑块的破碎化程度，对生态空间质量的状况也有明显的影响。生态空间斑块破碎度指数越大，表示该区域的图斑较小块，生态空间质量较差；斑块破碎度指数越小，表示该区域的图斑较大块，生态空间质量较好。其计算公式为：

$$\text{FI}=\frac{C}{S} \tag{3}$$

式中：C 为图斑的周长，S 为图斑的面积。

（3）生境质量评价模型

对植被覆盖度指数、归一化建筑指数和图斑破碎度指数进行标准化，使其取值范围处于［0，100］。其具体方法如下：

$$\text{NDVI}_{\text{分数}}=\left(\frac{\text{NDVI}_{\text{像原值}}+1}{2}\right)\times 100\times\left(\frac{100}{\text{NDVI}_{\text{最大值}}}\right) \tag{4}$$

式中：$\text{NDVI}_{\text{分数}}$ 即对植被覆盖度的评分，植被覆盖度越高，得分越高。$\text{NDVI}_{\text{像原值}}$ 即栅格的植被覆盖度原始值。

$$\text{NDBI}_{\text{分数}}=\left[\frac{(\text{NDBI}_{\text{像原值}}\times(-1)+1}{2}\right]\times 100\times\left(\frac{100}{\text{NDBI}_{\text{像原最大值}}}\right) \tag{5}$$

式中：先对建筑指数正向化，$\text{NDBI}_{\text{分数}}$ 即对归一化建筑指数的评分，$\text{NDBI}_{\text{像原值}}$ 即栅格的归一化建筑指数原始值。

$$\text{FI}_{\text{分数}}=[\text{FI}_{\text{破碎度值}}\times(-1)+10]\times\frac{100}{\text{FI}_{\text{破碎度最大值}}} \tag{6}$$

式中：首先对图斑破碎度值进行正向化，$\text{FI}_{\text{分数}}$ 即对图斑破碎度的评分，$\text{FI}_{\text{破碎度值}}$ 即生态空间每个图斑的破碎度值。

本研究通过对植被覆盖度、归一化建筑指数和图斑破碎度的评分，认定三个指标值对生态空间生境质量同样重要，因此分别对其赋予相同的权重，如表 6-2 所示：

表 6-2　生态空间生境质量指标权重

指标	权重
植被覆盖度指数	0.33
归一化建筑指数	0.33
图斑破碎度	0.33

$$EI_{分数} = (NDVI_{分数} \times W_i) + (NDBI_{分数} \times W_i) + (FI_{分数} \times W_i) \quad (7)$$

式中：$EI_{分数}$为各区县最终生境质量评价分数，$NDVI_{分数}$为植被覆盖度指数分数，$NDBI_{分数}$为归一化建筑指数分数，$FI_{分数}$为图斑破碎度分数，W_i为指标权重，$W_i = 0.33$。

运用自然断点法对根据生境质量模型计算出的分数进行等级划分，其总共被划分为 4 个等级：生境质量Ⅰ级，生态空间生境质量优；生境质量Ⅱ级，生态空间生境质量良；生境质量Ⅲ级，生态空间生境质量中；生境质量Ⅳ级，生态空间生境质量差，如表 6-3 所示：

表 6-3　生态空间生境质量等级划分

等级	说明
生境质量Ⅰ级	生境质量优
生境质量Ⅱ级	生境质量良
生境质量Ⅲ级	生境质量中
生境质量Ⅳ级	生境质量差

6.2　生态空间植被覆盖度分析

（1）植被覆盖度现状分析

本研究利用地理信息系统（GIS）空间分析技术得到重庆市生态空间范围内 2002—2018 年共计 5 期的植被覆盖现状。总体看来，2002—2018 年重庆市生态空间植被覆盖度呈现波动上升趋势，植被覆盖度最高的是渝东南片区，其次是渝东北片区，渝西片区的植被覆盖度最低。具体来看，彭水县、酉阳县等渝西南地区，植被覆盖度极高，且以现状图来看，其 2002—2018 年植被覆盖度均为全市最高。生态空间分布最为密集、面积最大的渝东北地区，以城口县、巫溪县、奉节县为典型区域可明显看出，其生态空间植被覆盖度较高。渝西片区生态空间主要集中在“四山”，即包括中梁山、缙云山、铜锣山、明月山的山体范围内和城市组团间的非建设用地隔离带。重庆市城区生态空间为明显的条带形态，即由北向南贯穿中心城区，城区主要的森林、绿地资源基本上均分布于此，植被覆盖度较高。但从各研究年的生态空间植被覆盖状态对比可看出，2002—2010年，中心城区生态空间植被覆盖度有微小的波动变化，其中以中心城区两侧的中梁山和铜锣山波动最为厉害，其生态空间内的植被覆盖度明显下降，2010—2018年，城区生态空间植被覆盖状况大幅改善，生态质量也趋向稳定健康。

通过对2002—2018年重庆市生态空间植被覆盖历时状态进行分析，我们可以得到如下结论：①重庆市生态空间植被覆盖度在研究年期间虽然有波动变化，但整体较为良好；②重庆市中心城区生态空间的植被覆盖度变化最大，人类活动及相关建设活动频繁，使其植被覆盖度波动变化；③渝东南地区原生生态保持较好，生态空间内的植被覆盖度最高，其次是渝东北地区，植被覆盖度最低的是渝西片区。

（2）植被覆盖度变化分析

利用GIS空间分析计算栅格可得到重庆市生态空间植被覆盖变化对比图，由此可见重庆市生态空间范围内的植被覆盖度变化各异。2002—2006年，重庆城区植被覆盖度略微上升，江津区是生态空间植被覆盖改善最大的区县，渝东北地区的植被覆盖度变化较小，但以城口县为特殊区县，生态空间内的植被覆盖度大幅降低，渝东南等地区生态空间植被覆盖度几乎没有发生变化；2006—2010年，渝西地区包括潼南区、铜梁区、大足区和江津区等城区周边区县的生态空间范围内的植被覆盖度出现明显剧烈下降，渝东北地区植被覆盖度出现较为明显的正向变化，开州区与万州区略有下降，渝东南地区酉阳县、秀山县、彭水县生态空间内的植被覆盖度仍几乎没有发生变化，一直维持在一种健康、良好的状态；2010—2014年，渝西片区主要以中心城区“四山”山体范围内的生态空间植被覆盖度呈明显正向变化，特别是以北碚区的缙云山山脉，其植被覆盖度明显提高，渝东南地区植被覆盖度变化不明显，但彭水县出现了较为明显的植被覆盖度降低变化，渝东北地区的植被覆盖度再次出现了以城口县、巫溪县的生态空间为中心的向外扩散性降低变化；2014—2018年，重庆城区生态空间内的植被覆盖度变化不明显，只有璧山区出现了负向变化，江津区、綦江区以及小部分万盛经开区的生态空间出现了较为明显的植被覆盖度降低，渝东南地区的生态空间内的植被覆盖度几乎没有发生变化，渝东北地区也出现了以城口县、巫溪县等地的生态空间为中心向四周辐射的植被覆盖度正向变化。

通过对2002—2018年重庆市生态空间植被覆盖变化进行对比分析，我们可以得到如下结论：①重庆市生态空间植被覆盖度在研究年期间呈波动变化，区域变化较为剧烈，植被覆盖变化呈明显地域性；②重庆市中心城区生态空间的植被覆盖度波动变化幅度大，在历史研究期间呈现先降低、再提高、后稳定的趋势，生态空间内部也出现小区域的波动变化；③渝东北地区生态空间的植被覆盖度变化出现了一个明显的中心区域，即以城口县、巫溪县的生态空间为中心，植被覆盖变化效应（包括正向变化和负向变化）向四周溢出；④2002—2018年，渝东南地区生态空间内的植被覆盖度几乎都没有出现变化，在小幅波动中稳定提高。

（3）植被覆盖度波动分析

由表6-4可知，2002—2018年重庆生态空间的植被覆盖度主要在第四等级和第五等级波动，生态空间的植被覆盖度呈现反复波动变化。具体来看，2002—2006年植被覆盖等级变化主要集中在第五等级和第六等级，其中第五等级变化最大，植被覆盖度上升的面积为170 004.25 km^2，占总面积的71.55%；其中植被覆盖等级变化最小的是第八等级，其显著变好的面积为12.52 km^2，仅占总面积的0.05%。从空间上来看，2002—2006年整个生态空间植被覆盖度都普遍上升。这一变化说明2006年较2002年的生态空间质量出现了明显的上升，生态环境质量也有所提高。2006—2010年植被覆盖等级变化主要集中在第四等级和第五等级，其中第四等级变化最大，植被覆盖度略微变差的面积为15 253.22 km^2，占总面积的64.18%；其中植被覆盖等级变化最小的是第一等级，其显著变差的面积为0.78 km^2。从空间上来看，2006—2010年整个生态空间植被覆盖度都普遍下降。这一变化说明2010年生态空间质量较2006年出现了较明显的变化，在生态空间的管控上出现了一定的问题，导致生态空间植被覆盖度出现了大面积的下降。2010—2014年植被覆盖等级变化主要集中在第四等级和第五等级，其中第五等级变化最大，植被覆盖度略微变好的面积为17 064.30 km^2，占总面积的71.80%；其中植被覆盖等级变化最小的是第一等级，其显著变好的面积为1.06 km^2。从空间上来看，2010—2014年整个生态空间植被覆盖度都普遍上升。2014—2018年植被覆盖等级变化主要集中在第四等级和第五等级，略微变好和略微变差的面积分别为10 935.24 km^2和10 455.82 km^2，略微变好的面积占总面积的44.00%，略微变差的面积占总面积的46.01%，其中植被覆盖等级变化最小的是第一等级，其显著变差的面积为 0.44 km²。从空间上来看，2014—2018 年整个生态空间质量总体在变好，但是也出现两极分化的现象，略微变好和变差的区域相互交错。

表 6-4 生态空间植被覆盖波动等级面积统计 单位：km²,%

等级	2002—2006 年		2006—2010 年		2010—2014 年		2014—2018 年	
	面积	比例	面积	比例	面积	比例	面积	比例
1	8.26	0.03	0.78	0.00	3.27	0.01	0.44	0.00
2	143.81	0.61	381.59	1.61	505.18	2.13	393.54	1.66
3	674.82	2.84	1 579.75	6.65	762.04	3.21	441.52	1.86
4	1 295.05	5.45	15 253.22	64.18	3 443.39	14.49	10 935.24	46.01
5	17 004.25	71.55	5 512.83	23.20	17 064.30	71.80	10 455.82	44.00
6	4 355.87	18.33	637.29	2.68	1 552.01	6.53	802.46	3.38
7	271.22	1.14	396.97	1.67	434.55	1.83	734.02	3.09
8	12.52	0.05	3.39	0.01	1.06	0.00	2.75	0.01

通过对 2002—2018 年重庆市生态空间植被覆盖波动情况进行分析，我们可以得出以下结论：①生态空间的植被覆盖度呈现上升-下降-上升-各半的波动变化，其变化等级主要集中在第四等级和第五等级的略微波动；②生态空间的总体植被覆盖度还是处于稳定的状态，但是不稳定因素也普遍存在，因此制定生态空间质量稳定性的管控措施十分必要。

（4）植被覆盖度变化规律

通过对生态空间的质量分析，我们得出以下变化规律：①重庆市生态空间植被覆盖度在 2002—2018 年虽然有波动变化，但整体较为良好，呈现出波动上升的趋势；②重庆市中心城区生态空间的植被覆盖度变化最大，人类活动及相关建设活动频繁，使其生态空间的生态质量波动变化，在历史研究期间呈现先降低、再提高、后稳定的趋势，生态空间内部也出现小区域的波动变化；③渝东北区丘陵多山，原生生态环境良好，生态空间分布密集，分布面积广，2002—2018 年，渝东北地区生态空间内的植被覆盖度几乎都没有出现变化，在小幅波动中稳定提高。

6.3 生态空间建筑指数分析

（1）建筑指数现状分析

本研究利用 GIS 空间分析技术得到重庆市生态空间范围内 2002—2018 年 17 年共计 5 期的建筑情况。通过建筑指数来反映区域的建筑状况，建筑指数越低，区域生态环境质量越好，反之越差。通过 5 期的建筑情况分析可知，在渝东南和渝东北“两群”生态空间范围内建筑指数较低，生态质量较好，并且根据时间的推移“两群”区域内生态空间的生态环境质量出现明显的变好，在“一区”生态空间范围内，生态质量也呈现逐年变好的趋势，变化较为明显的区县有大足区、北碚区等。通过分析 2002 年、2006 年、2010 年 4 期建筑情况可知，在渝东南和渝东北“两群”生态空间范围内的建筑指数较高，其中包括巫山县、云阳县和奉节县。通过 2018 年的建筑指数分析可知，城口县、巫溪县、石柱县的生态质量最好，在“一区”生态空间范围内生态环境质量较好的是江津区和綦江区。

（2）各区县建筑指数差异分析

如表 6-5 所示，在 Arcgis10.2 中对重庆市生态空间为正值的建筑指数进行分区统计。总体来看，2002—2018 年各区县生态空间内建筑指数平均值均较低，但是各区县间的建筑指数平均值还是存在一定差异。具体来看，2002 年建筑指数平均值最高的是长寿区，其建筑指数平均值为 0.390，最低的是大足区，其建筑指数平均值为 0.034，建筑指数平均值在 0.1 以上的区县有 9 个。2006 年建筑指数平均值最高的是渝中区，其建筑指数平均值为 0.122，最低的是城口县，其建筑指数平均值为 0.036，建筑指数平均值在 0.1 以上的区县只有 1 个，即渝中区。2010 年建筑指数平均值最高的是綦江区，其建筑指数平均值为 0.898，最低的是南川区，其建筑指数平均值为 0.020，建筑指数平均值在 0.1 以上的区县有 9 个。2014 年建筑指数平均值最高的是长寿区，其建筑指数平均值为 0.192，最低的是巫溪县，其建筑指数平均值为 0.033，建筑指数平均值在 0.1 以上的区县有 3 个。2018 年建筑指数平均值最高的是长寿区，其建筑指数平均值为 0.180，最低的是渝中区，其建筑指数平均值为 0.000，建筑指数平均值在 0.1 以上的区县仅有 1 个，即长寿区。

表 6-5　2002—2018 年各区县生态空间建筑指数统计

序号	行政区名称	2002 年	2006 年	2010 年	2014 年	2018 年
1	巴南区	0. 275	0. 067	0. 367	0. 087	0. 082
2	北碚区	0. 046	0. 051	0. 057	0. 048	0. 034
3	璧山区	0. 042	0. 048	0. 070	0. 043	0. 040
4	城口县	0. 092	0. 036	0. 063	0. 037	0. 055
5	大渡口区	0. 049	0. 061	0. 089	0. 038	0. 039
6	大足区	0. 034	0. 057	0. 041	0. 042	0. 045
7	垫江县	0. 050	0. 051	0. 058	0. 054	0. 082
8	丰都县	0. 076	0. 051	0. 046	0. 051	0. 056
9	奉节县	0. 053	0. 052	0. 047	0. 041	0. 041
10	涪陵区	0. 059	0. 062	0. 045	0. 050	0. 044
11	合川区	0. 060	0. 064	0. 059	0. 077	0. 051
12	江北区	0. 080	0. 064	0. 056	0. 038	0. 050
13	江津区	0. 058	0. 064	0. 087	0. 105	0. 058
14	九龙坡区	0. 044	0. 076	0. 075	0. 086	0. 070
15	开州区	0. 035	0. 054	0. 028	0. 048	0. 042
16	梁平区	0. 043	0. 048	0. 055	0. 036	0. 062
17	南岸区	0. 066	0. 066	0. 082	0. 069	0. 082
18	南川区	0. 089	0. 044	0. 020	0. 067	0. 047
19	彭水县	0. 147	0. 058	0. 142	0. 045	0. 046
20	綦江区	0. 281	0. 078	0. 898	0. 065	0. 057
21	黔江区	0. 059	0. 047	0. 040	0. 074	0. 047
22	荣昌区	0. 036	0. 045	0. 037	0. 040	0. 045
23	沙坪坝区	0. 056	0. 073	0. 098	0. 068	0. 090
24	石柱县	0. 211	0. 047	0. 036	0. 134	0. 045
25	铜梁区	0. 037	0. 050	0. 050	0. 047	0. 039
26	潼南区	0. 056	0. 045	0. 045	0. 046	0. 034
27	万盛经开区	0. 071	0. 045	0. 047	0. 061	0. 045
28	万州区	0. 288	0. 047	0. 509	0. 050	0. 068
29	巫山县	0. 066	0. 067	0. 048	0. 037	0. 041
30	巫溪县	0. 308	0. 053	0. 047	0. 033	0. 034

表6-5(续)

序号	行政区名称	2002年	2006年	2010年	2014年	2018年
31	武隆区	0.050	0.054	0.031	0.047	0.052
32	秀山县	0.058	0.045	0.130	0.090	0.079
33	永川区	0.043	0.058	0.058	0.046	0.044
34	酉阳县	0.064	0.044	0.548	0.071	0.068
35	渝北区	0.250	0.049	0.048	0.049	0.050
36	渝中区	0.090	0.122	0.129	0.079	0.000
37	云阳县	0.147	0.053	0.543	0.040	0.046
38	长寿区	0.390	0.049	0.366	0.192	0.180
39	忠县	0.040	0.045	0.046	0.048	0.062

(3)“一区两群”建筑指数差异分析

如表6-6所示，通过对“一区两群”建筑指数正值的统计，总体来看“一区两群”建筑指数平均值均在0.3以下，建筑指数平均值相对较高的是重庆主城都市区，同时“一区两群”建筑指数平均值均呈现波动下降趋势。建筑指数平均值波动最大的是重庆主城都市区，渝东北三峡库区城镇群和渝东南武陵山区城镇群建筑指数平均值波动较小。

表6-6　2002—2018年“一区两群”生态空间建筑指数统计

序号	一区两群	2002年	2006年	2010年	2014年	2018年
1	重庆主城都市区	0.170	0.055	0.256	0.084	0.083
2	渝东北三峡库区城镇群	0.145	0.055	0.035	0.039	0.045
3	渝东南武陵山区城镇群	0.079	0.053	0.089	0.069	0.058

6.4　生态空间斑块破碎度分析

生态空间图斑数量、图斑平均面积及图斑破碎度在重庆市各区县的分布呈现出较大的差异性（如表6-7所示）。具体来看，生态空间图斑个数集中分布在30~70个，其中生态空间图斑个数最多的是渝北区，其个数为118个，最少的是渝中区，其只有1个图斑。从各区县生态空间图斑的总面积来看，总面积最大的是巫溪县，其面积为2 100.48 km^2，总面积最小的是渝中区，其面积为

0.25 km^2。从图斑的平均面积来看，生态空间平均图斑面积最大的是巫山县，其平均图斑面积为516.44 km^2，平均图斑面积最小的是渝中区，其平均图斑面积为0.25 km^2。通过对全市各图斑的破碎度进行计算统计，全市各区县的图斑破碎度主要集中分布在0~4，其中生态空间图斑破碎度最大的是梁平区，其图斑破碎度为9.44，图斑破碎度最小的是渝中区，其图斑破碎度仅为0.02。

表6-7 各区县生态空间图斑数量及破碎度统计

序号	行政区	斑块个数/个	平均斑块大小/km^2	斑块破碎度
1	巴南区	65	3.84	2.55
2	北碚区	63	3.35	4.55
3	璧山区	29	5.96	4.86
4	城口县	10	184.33	0.09
5	大渡口区	10	1.20	0.37
6	大足区	42	4.55	7.73
7	垫江县	18	16.04	1.14
8	丰都县	51	9.07	3.24
9	奉节县	54	28.58	3.10
10	涪陵区	69	4.00	3.18
11	合川区	35	5.83	7.31
12	江北区	49	0.59	4.33
13	江津区	36	19.00	3.80
14	九龙坡区	68	0.79	4.27
15	开州区	30	38.56	1.56
16	梁平区	89	4.47	9.44
17	南岸区	20	3.60	0.63
18	南川区	14	47.78	0.57
19	彭水县	15	116.36	3.93
20	綦江区	7	52.97	0.06
21	黔江区	26	26.97	0.68
22	荣昌区	13	2.44	0.74

表6-7(续)

序号	行政区	斑块个数/个	平均斑块大小/km²	斑块破碎度
23	沙坪坝区	26	3.65	1.24
24	石柱县	27	44.92	1.56
25	铜梁区	16	11.55	1.37
26	潼南区	5	33.25	0.09
27	万盛经开区	27	5.96	1.43
28	万州区	52	15.55	3.17
29	巫山县	3	516.44	0.07
30	巫溪县	19	110.55	0.76
31	武隆区	18	48.29	1.24
32	秀山县	12	61.80	0.19
33	永川区	28	5.67	1.29
34	酉阳县	25	73.77	2.81
35	渝北区	118	3.71	6.50
36	渝中区	1	0.25	0.02
37	云阳县	64	21.81	3.42
38	长寿区	22	17.91	0.96
39	忠县	25	10.28	1.70

如表6-8所示，重庆市“一区两群”的生态空间图斑数量分布和破碎度也呈现出十分显著的差异。生态空间图斑破碎度最大的是重庆主城都市区，其次是渝东北三峡库区城镇群，图斑破碎度最小的是渝东南武陵山区城镇群。具体来看，重庆主城都市区图斑个数为491个，总面积为4 846.98 km²，平均斑块大小为9.87 km²，斑块破碎度为21.23；渝东北三峡库区城镇群生态空间图斑个数为268个，总面积为11 804.28 km²，平均斑块大小为44.05 km²，斑块破碎度为15.36；渝东南武陵山区城镇群生态空间图斑个数为79个，总面积为7 114.29 km²，平均斑块大小为90.05 km²，斑块破碎度为2.77。

表 6-8 “一区两群”生态空间图斑数量、面积及破碎度统计

序号	一区两群	斑块个数/个	总面积/km²	平均斑块大小/km²	斑块破碎度
1	重庆主城都市区	491	4 846.98	9.87	21.23
2	渝东北三峡库区城镇群	268	11 804.28	44.05	15.36
3	渝东南武陵山区城镇群	79	7 114.29	90.05	2.77

6.5 生态空间生境质量评价

本研究通过对植被覆盖度、建筑指数和图斑破碎度评分，并运用生态空间生境质量模型对全市生态空间生境质量进行评价。

6.5.1 植被覆盖度评价

（1）各区县植被覆盖度评分分析

植被覆盖度作为生境质量的重要指标，其植被覆盖度越高，得分越高，表示生境质量越好，反之越差。通过对各个区县的植被覆盖度的评分结果来看（见表 6-9、图 6-1、图 6-2），全市整体植被覆盖度呈现波动上升趋势，其中 2014 年植被覆盖度评分最高，为 90.95 分；2002 年植被覆盖度评分最低，为 85.57 分。具体来看，在所有区县中，渝中区与其他区县的植被覆盖度评分差距较大，渝中区在研究期间的植被覆盖度评分最低，其中 2010 年渝中区达到研究期间最低评分，仅为 31.21 分。从 2002 年来看，植被覆盖度评分最高的五个区县依次为秀山县、酉阳县、南川区、武隆区、万盛经开区，评分最低的五个区县依次为渝中区、荣昌区、九龙坡区、长寿区、大足区；从 2006 来看，植被覆盖度评分最高的 5 个区县依次为南川区、綦江区、武隆区、酉阳县、万盛经开区，评分最低的 5 个区县依次为渝中区、长寿区、忠县、合川区、垫江县；从 2010 年来看，植被覆盖度评分最高的 5 个区县依次为城口县、巫溪县、万盛经开区、秀山县、酉阳县，评分最低的 5 个区县依次为渝中区、合川区、九龙坡区、江北区、荣昌区；从 2014 年来看，植被覆盖度评分最高的 5 个区县依次为南川区、綦江区、武隆区、酉阳县、万盛经开区，评分最低的 5 个区县依次为渝中区、合川区、南岸区、九龙坡区、荣昌区；从 2018 年来看，植被覆盖度评分最高的 5 个区县依次为石柱县、秀山县、城口县、酉阳县、彭水县，评分最低的 5 个区县依次为渝中区、合川区、江津区、九龙坡区、荣昌区。

表 6-9　2002—2018 年各区县生态空间植被覆盖度评分　　单位：分

序号	行政区名称	2002 年	2006 年	2010 年	2014 年	2018 年
1	全市	85. 57	89. 81	87. 66	90. 95	89. 88
2	巴南区	82. 11	92. 20	89. 35	92. 20	90. 34
3	北碚区	87. 21	96. 23	84. 26	96. 23	87. 64
4	璧山区	83. 14	93. 39	86. 00	93. 39	90. 37
5	城口县	94. 52	91. 48	100. 00	91. 48	97. 86
6	大渡口区	79. 06	89. 03	82. 97	89. 03	88. 35
7	大足区	78. 04	90. 39	83. 39	90. 39	89. 63
8	垫江县	82. 41	83. 29	91. 15	93. 80	94. 49
9	丰都县	91. 33	88. 57	92. 29	91. 76	95. 41
10	奉节县	94. 88	91. 20	92. 16	93. 44	90. 70
11	涪陵区	90. 13	95. 67	90. 57	95. 96	93. 35
12	合川区	80. 32	82. 87	78. 32	82. 87	83. 42
13	江北区	84. 77	88. 33	80. 15	88. 33	86. 35
14	江津区	79. 82	93. 56	88. 52	93. 56	84. 00
15	九龙坡区	75. 67	85. 69	79. 76	85. 69	84. 21
16	开州区	88. 39	92. 37	91. 91	92. 22	92. 26
17	梁平区	86. 28	86. 70	95. 79	97. 32	96. 54
18	南岸区	80. 04	85. 07	81. 03	85. 07	85. 77
19	南川区	97. 23	100. 00	94. 44	100. 00	91. 69
20	彭水县	92. 92	96. 98	94. 26	94. 22	96. 63
21	綦江区	86. 67	99. 42	95. 93	99. 42	90. 07
22	黔江区	93. 65	95. 66	95. 65	95. 66	95. 49
23	荣昌区	75. 32	85. 82	80. 55	85. 82	85. 62
24	沙坪坝区	82. 37	88. 09	82. 01	88. 09	87. 14
25	石柱县	92. 78	91. 53	90. 35	93. 26	100. 00
26	铜梁区	83. 53	93. 52	86. 39	93. 52	93. 49
27	潼南区	79. 35	89. 10	81. 74	89. 10	88. 06
28	万盛经开区	94. 94	97. 33	97. 43	97. 33	93. 56
29	万州区	86. 97	88. 61	92. 10	91. 39	94. 79
30	巫山县	87. 99	88. 52	89. 79	88. 89	89. 45
31	巫溪县	91. 63	92. 22	98. 89	92. 22	96. 35
32	武隆区	97. 01	99. 26	94. 80	99. 21	88. 51

表6-9(续)

序号	行政区名称	2002 年	2006 年	2010 年	2014 年	2018 年
33	秀山县	100.00	96.86	96.92	96.86	98.10
34	永川区	78.11	91.03	86.26	91.03	90.01
35	酉阳县	97.65	98.77	96.25	98.77	97.11
36	渝北区	87.98	93.87	85.21	93.87	92.49
37	渝中区	44.40	36.27	31.21	36.27	34.95
38	云阳县	88.77	90.14	88.96	90.99	88.89
39	长寿区	76.82	80.94	83.61	86.12	89.25
40	忠县	82.91	82.64	88.47	92.16	93.05

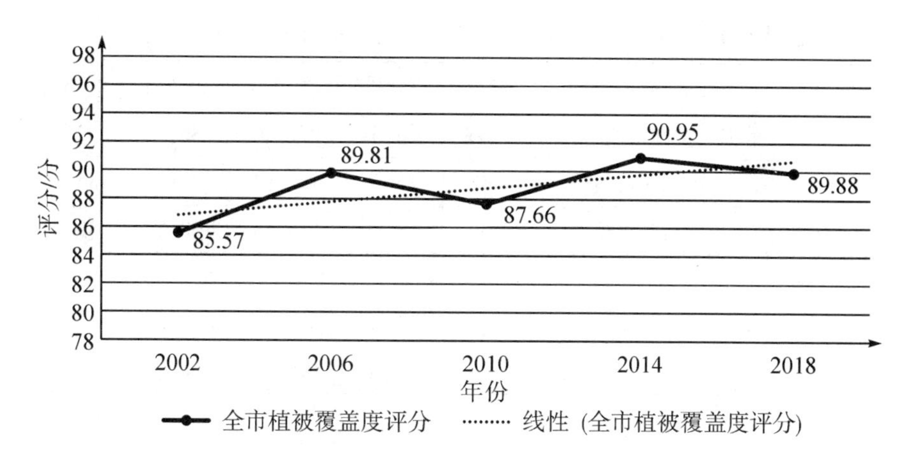

图 6-1　2002—2018 年全市生态空间植被覆盖度评分变化

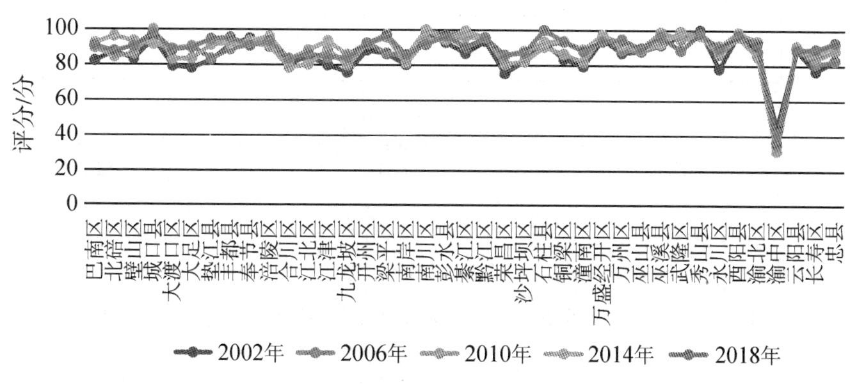

图 6-2　2002—2018 年各区县生态空间植被覆盖度评分变化

（2）“一区两群”植被覆盖度评分分析

如表6-10、图6-3所示，从“一区两群”植被覆盖度的评分结果来看，重庆主城都市区、渝东北三峡库区城镇群及渝东南武陵山区城镇群植被覆盖度评分均呈现波动上升的趋势。具体来看，2002—2018年渝东南武陵山区城镇群相对于重庆主城都市区和渝东北三峡库区城镇群，其植被覆盖度评分最高，重庆主城都市区植被覆盖度评分相对最低。2002—2006年和2010—2018年，渝东北三峡库区城镇群和渝东南武陵山区城镇群的植被覆盖度评分值均呈现逐渐递增的趋势，但2006—2010年，“一区两群”的植被覆盖度评分都有所下降，下降最快的为重庆主城都市区。另外，重庆主城都市区在2014—2018年，其植被覆盖度评分也有所下降。

表6-10　2002—2018年“一区两群”生态空间植被覆盖度评分

序号	一区两群	2002年	2006年	2010年	2014年	2018年
1	重庆主城都市区	71.63	85.54	77.26	85.95	82.99
2	渝东北三峡库区城镇群	76.31	83.07	82.53	84.51	86.78
3	渝东南武陵山区城镇群	80.51	88.96	83.14	88.60	89.54

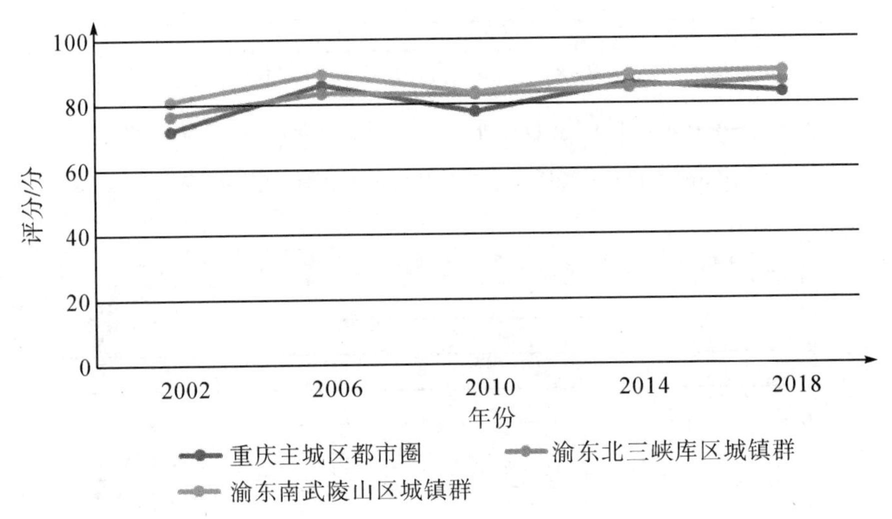

图6-3　2002—2018年“一区两群”生态空间植被覆盖度评分变化

6.5.2 归一化建筑指数评价

(1) 各区县归一化建筑指数评分分析

生态空间建筑指数的高低反映生态环境质量的好坏，即建筑指数越高，生态环境质量越差，评分越低，反之越好。根据表6-11、图6-4、图6-5可知，重庆市在2002—2018年，总体建筑指数评分呈现略微下降趋势，但总体评分保持在90分以上。具体来看，重庆市各区县除渝中区外，建筑指数评分变化幅度较小，相对比较平稳。各区县的建筑指数评分除渝中区外，均在80~100分波动。从研究年份建筑指数得分最高的区县来看，2002年各区县建筑指数评分最高的区县是石柱县，最低的是长寿区，其评分为84.68分；2006年建筑指数评分最高的是渝中区，最低的是大渡口区，其评分为87.29分；2010年建筑指数评分最高的是黔江区，最低的是渝中区，其评分为78.81分；2014年建筑指数评分最高的是江津区，最低的是渝中区，其评分为86.62分；2018年建筑指数评分最高的是渝中区，最低的是潼南区，其评分为88.42分。

表6-11　2002—2018年各区县生态空间归一化建筑指数评分

序号	行政区名称	2002年	2006年	2010年	2014年	2018年
1	全市	94.18	94.40	90.79	95.34	93.30
2	巴南区	87.53	97.03	91.01	94.23	91.98
3	北碚区	96.07	93.32	87.54	97.69	91.33
4	璧山区	95.41	93.79	89.87	96.32	91.71
5	城口县	95.72	97.80	98.22	95.27	97.27
6	大渡口区	89.88	87.29	86.70	92.60	90.56
7	大足区	93.57	94.26	89.40	94.85	91.56
8	垫江县	95.37	94.44	87.05	97.26	95.47
9	丰都县	99.44	95.39	89.82	97.22	96.41
10	奉节县	91.82	93.40	89.17	93.08	92.57
11	涪陵区	95.89	94.95	93.78	96.73	92.91
12	合川区	94.87	93.64	88.65	93.99	92.62
13	江北区	98.16	94.71	87.97	95.40	92.25
14	江津区	96.95	96.61	96.63	100.00	93.10

表6-11(续)

序号	行政区名称	2002 年	2006 年	2010 年	2014 年	2018 年
15	九龙坡区	95.10	92.57	91.65	96.29	91.29
16	开州区	95.16	97.27	93.99	92.98	94.09
17	梁平区	97.16	96.09	89.23	99.28	96.58
18	南岸区	93.68	96.32	88.16	91.77	90.71
19	南川区	96.98	92.78	93.79	97.68	92.29
20	彭水县	94.29	92.17	92.14	96.04	93.06
21	綦江区	87.09	96.37	91.66	98.24	93.02
22	黔江区	91.70	95.79	100.00	94.39	94.74
23	荣昌区	90.64	91.99	90.63	93.01	90.37
24	沙坪坝区	94.48	91.77	86.88	93.08	89.55
25	石柱县	100.00	96.25	89.60	99.69	99.94
26	铜梁区	96.47	94.36	89.84	96.97	92.45
27	潼南区	92.77	93.64	85.91	94.00	88.42
28	万盛经开区	96.15	95.74	94.43	95.81	91.89
29	万州区	93.11	94.63	87.69	97.12	95.92
30	巫山县	94.71	91.97	93.39	93.20	92.58
31	巫溪县	97.66	93.58	96.25	93.64	96.54
32	武隆区	98.41	92.20	93.97	98.35	91.81
33	秀山县	92.70	95.57	99.58	93.66	94.80
34	永川区	92.07	93.19	92.58	96.19	91.80
35	酉阳县	91.36	95.46	98.58	94.48	94.46
36	渝北区	91.16	93.60	88.53	96.12	91.40
37	渝中区	99.80	100.00	78.81	86.62	100.00
38	云阳县	88.16	92.23	86.17	91.47	92.47
39	长寿区	84.68	94.59	82.98	96.71	93.62
40	忠县	96.86	94.70	88.42	96.80	95.16

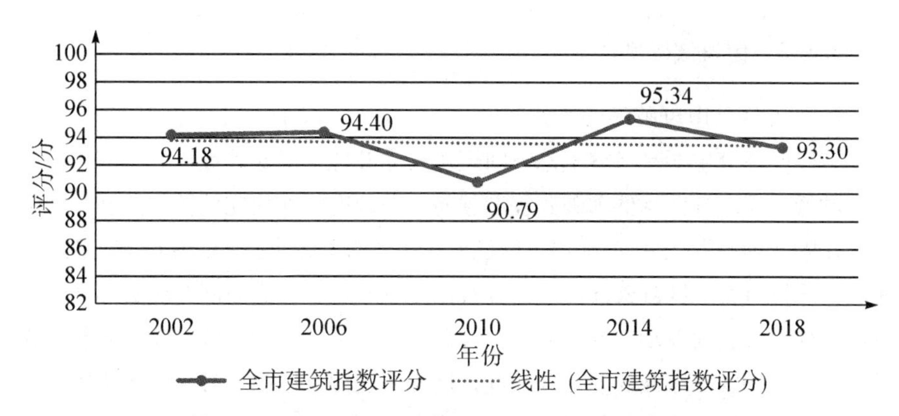

图 6-4　2002—2018 年全市生态空间建筑指数评分变化

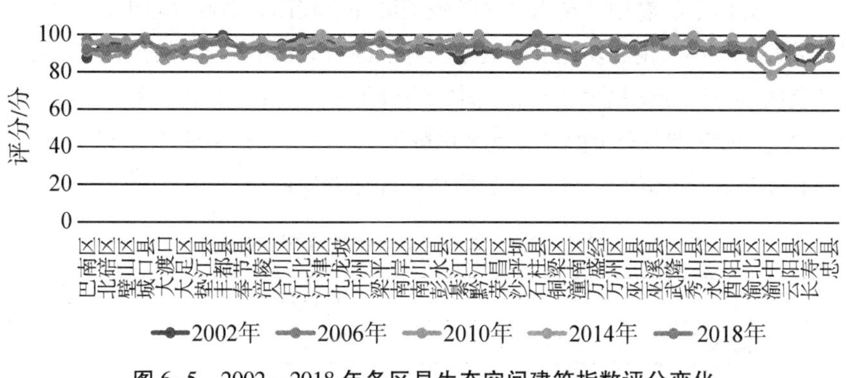

图 6-5　2002—2018 年各区县生态空间建筑指数评分变化

（2）“一区两群”归一化建筑指数评分分析

如表 6-12 所示，从“一区两群”建筑指数评分来看，重庆市生态空间总体建筑指数评分较高，均在 90 分以上。具体来看，渝东北三峡库区城镇群和渝东南武陵山区城镇群建筑指数评分相比重庆主城都市区更高，其中建筑指数评分最高的是渝东南武陵山区城镇群。

表 6-12　2002—2018 年“一区两群”生态空间归一化建筑指数评分

序号	一区两群	2002 年	2006 年	2010 年	2014 年	2018 年
1	重庆主城都市区	98.63	100.00	95.59	100.00	97.23
2	渝东北三峡库区城镇群	99.91	99.93	97.08	97.33	100.00
3	渝东南武陵山区城镇群	100.00	99.89	100.00	99.35	100.00

6.5.3 图斑破碎度评价

（1）各区县图斑破碎度评分分析

破碎度评分主要是考察生态空间斑块的完整性，即破碎度分数越高，破碎程度越低，反之分数越低则破碎程度越高。破碎度与地块完整性相关联，通常比较完整的大规模生态空间地块更能发挥其重要的生态功能。如表6-13、图6-6所示，通过对各个区县破碎度的评分对比结果来看，生态空间板块破碎度评分总体呈现出较大的波动。具体来看，大足区、合川区、梁平区、渝北区相对较低，其中梁平区图斑破碎度评分最低，这说明这四个区的生态空间地块较为破碎，完整性较低，生态功能发挥效果较差。此外，城口县、綦江区、潼南区、巫山县、秀山县、渝中区这六个区县破碎度评分较高，破碎度较低，且相互之间分数差异较小，生态功能发挥效果较好。除破碎度分数最低的四个区县以外的其余区县分数变化幅度较小，其中高于80分的达到22个，低于80分高于50分的达到13个。全市的破碎度平均分为75.55分，这说明全市39个区县图斑破碎度分数波动较大，各区县的图斑破碎度差异明显。

表6-13 2002—2018年各区县生态空间图斑破碎度评分

行政区	分数	行政区	分数
巴南区	74.65	黔江区	93.39
北碚区	54.61	荣昌区	92.79
璧山区	51.50	沙坪坝区	87.78
城口县	99.30	石柱县	84.57
大渡口区	96.49	铜梁区	86.47
大足区	22.75	潼南区	99.30
垫江县	88.78	万盛经开区	85.87
丰都县	67.74	万州区	68.44
奉节县	69.14	巫山县	99.50
涪陵区	68.34	巫溪县	92.59
合川区	26.95	武隆区	87.78
江北区	56.81	秀山县	98.30
江津区	62.12	永川区	87.27
九龙坡区	57.41	酉阳县	72.04
开州区	84.57	渝北区	35.07

表6-13(续)

行政区	分数	行政区	分数
梁平区	5.61	渝中区	100.00
南岸区	93.89	云阳县	65.93
南川区	94.49	长寿区	90.58
彭水县	60.82	忠县	83.17
綦江区	99.60	全市	75.55

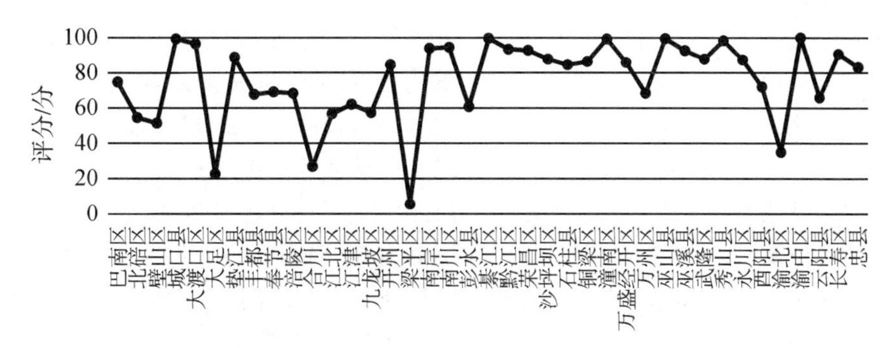

图 6-6　2002—2018 年各区县生态空间图斑破碎度评分

(2)“一区两群”图斑破碎度评分分析

通过对“一区两群”图斑破碎度的评分结果来看（如表 6-14 所示），重庆主城都市区和渝东北三峡库区城镇群破碎度分数较低，其中重庆主城都市区的破碎度分数最低，仅为 78.77 分，即其图斑破碎度最高；渝东南武陵山区城镇群破碎度评分最高，高达 97.23 分，即其图斑破碎度最低，生态功能发挥效果最好。渝东北、渝东南两群对比破碎度分数差异较为明显。渝东北三峡库区城镇群破碎度评分较低，仅 84.64 分，即其破碎程度较高。

表 6-14　2002—2018 年“一区两群”生态空间图斑破碎度评分

序号	一区两群	分数
1	重庆主城都市区	78.77
2	渝东北三峡库区城镇群	84.64
3	渝东南武陵山区城镇群	97.23

6.5.4 生态空间生境质量评价结果

(1) 各区县生态空间生境质量评价

通过对重庆市生态空间生境质量评价结果来看（如表6-15、图6-7、图6-8所示），2002—2018年，全市生态空间生态环境质量整体上是呈波动上升趋势，全市生态空间生态环境质量在逐渐变好。重庆市各个区县生态空间生态环境质量在各年的整体变化趋势是保持一致的。具体来看，2002年生态空间生境质量评分最高的是秀山县，其评分达到97.06分，生态空间生境质量评分最低的是梁平区，其评分仅为63.08分；2006年生态空间生境质量评分最高的是綦江区，其评分达到98.46分，生态空间生境质量评分最低的是梁平区，其评分仅为62.80分；2010年生态空间生境质量评分最高的是城口县，其评分达到99.17分，生态空间生境质量评分最低的是梁平区，其评分仅为63.54分；2014年生态空间生境质量评分最高的是綦江区，其评分达到99.32分，生态空间生境质量评分最低的是梁平区，其评分仅为67.64分；2018年生态空间生境质量评分最高的是城口县，其评分达到98.14分，生态空间生境质量评分最低的是梁平区，其评分仅为66.24分。2002—2018年城口县、巫山县、秀山县、南川区、綦江区、黔江区6个区县的生境质量一直很好，处于生境质量Ⅰ；渝北区、大足区、梁平区、合川区4个区县的生境质量一直很差，处于生境质量Ⅳ；巴南区、武隆区2个区县的生境质量出现反复波动。

表6-15 2002—2018年各区县生态空间生境质量评分及等级

序号	行政区名称	2002年	2002年等级	2006年	2006年等级	2010年	2010年等级	2014年	2014年等级	2018年	2018年等级
1	全市	85.10	生境质量Ⅱ级	86.59	生境质量Ⅱ级	84.67	生境质量Ⅲ级	87.28	生境质量Ⅱ级	86.24	生境质量Ⅱ级
2	巴南区	81.49	生境质量Ⅲ级	87.96	生境质量Ⅱ级	85.00	生境质量Ⅲ级	87.25	生境质量Ⅲ级	85.65	生境质量Ⅱ级
3	北碚区	79.36	生境质量Ⅲ级	81.39	生境质量Ⅲ级	75.47	生境质量Ⅲ级	83.08	生境质量Ⅲ级	77.86	生境质量Ⅲ级
4	璧山区	76.75	生境质量Ⅲ级	79.56	生境质量Ⅲ级	75.79	生境质量Ⅲ级	80.64	生境质量Ⅲ级	77.86	生境质量Ⅲ级
5	城口县	96.58	生境质量Ⅰ级	96.19	生境质量Ⅰ级	99.17	生境质量Ⅰ级	95.58	生境质量Ⅰ级	98.14	生境质量Ⅰ级
6	大渡口区	88.54	生境质量Ⅱ级	90.94	生境质量Ⅱ级	88.72	生境质量Ⅱ级	92.93	生境质量Ⅱ级	91.80	生境质量Ⅰ级

表6-15(续)

序号	行政区名称	2002年	2002年等级	2006年	2006年等级	2010年	2010年等级	2014年	2014年等级	2018年	2018年等级
7	大足区	64.85	生境质量Ⅳ级	69.13	生境质量Ⅳ级	65.18	生境质量Ⅳ级	69.56	生境质量Ⅳ级	67.98	生境质量Ⅳ级
8	垫江县	88.92	生境质量Ⅱ级	88.84	生境质量Ⅱ级	88.99	生境质量Ⅱ级	93.51	生境质量Ⅰ级	92.91	生境质量Ⅰ级
9	丰都县	86.24	生境质量Ⅱ级	83.90	生境质量Ⅲ级	83.28	生境质量Ⅲ级	85.81	生境质量Ⅲ级	86.52	生境质量Ⅱ级
10	奉节县	85.34	生境质量Ⅱ级	84.58	生境质量Ⅲ级	83.49	生境质量Ⅲ级	85.44	生境质量Ⅲ级	84.14	生境质量Ⅲ级
11	涪陵区	84.85	生境质量Ⅱ级	86.32	生境质量Ⅲ级	84.23	生境质量Ⅲ级	87.24	生境质量Ⅲ级	84.87	生境质量Ⅲ级
12	合川区	67.45	生境质量Ⅳ级	67.82	生境质量Ⅳ级	64.64	生境质量Ⅳ级	68.16	生境质量Ⅳ级	67.66	生境质量Ⅳ级
13	江北区	79.98	生境质量Ⅲ级	79.95	生境质量Ⅲ级	74.98	生境质量Ⅲ级	80.41	生境质量Ⅲ级	78.47	生境质量Ⅲ级
14	江津区	79.70	生境质量Ⅲ级	84.10	生境质量Ⅲ级	82.43	生境质量Ⅲ级	85.47	生境质量Ⅲ级	79.74	生境质量Ⅲ级
15	九龙坡区	76.12	生境质量Ⅲ级	78.56	生境质量Ⅲ级	76.27	生境质量Ⅲ级	80.03	生境质量Ⅲ级	77.64	生境质量Ⅲ级
16	开州区	89.44	生境质量Ⅱ级	91.40	生境质量Ⅱ级	90.16	生境质量Ⅱ级	90.15	生境质量Ⅱ级	90.31	生境质量Ⅱ级
17	梁平区	63.08	生境质量Ⅳ级	62.80	生境质量Ⅳ级	63.54	生境质量Ⅳ级	67.64	生境质量Ⅳ级	66.24	生境质量Ⅳ级
18	南岸区	89.27	生境质量Ⅱ级	91.76	生境质量Ⅱ级	87.69	生境质量Ⅱ级	90.46	生境质量Ⅱ级	90.12	生境质量Ⅱ级
19	南川区	96.30	生境质量Ⅰ级	95.76	生境质量Ⅰ级	94.24	生境质量Ⅰ级	97.62	生境质量Ⅰ级	92.82	生境质量Ⅰ级
20	彭水县	82.74	生境质量Ⅲ级	83.33	生境质量Ⅲ级	82.40	生境质量Ⅲ级	83.93	生境质量Ⅲ级	83.50	生境质量Ⅲ级
21	綦江区	91.18	生境质量Ⅰ级	98.46	生境质量Ⅰ级	95.73	生境质量Ⅰ级	99.32	生境质量Ⅰ级	94.23	生境质量Ⅰ级
22	黔江区	92.98	生境质量Ⅰ级	94.94	生境质量Ⅰ级	96.35	生境质量Ⅰ级	94.71	生境质量Ⅰ级	94.54	生境质量Ⅰ级

表6-15(续)

序号	行政区名称	2002年	2002年等级	2006年	2006年等级	2010年	2010年等级	2014年	2014年等级	2018年	2018年等级
23	荣昌区	86.31	生境质量Ⅱ级	90.20	生境质量Ⅱ级	87.99	生境质量Ⅱ级	90.76	生境质量Ⅱ级	89.59	生境质量Ⅱ级
24	沙坪坝区	88.27	生境质量Ⅱ级	89.21	生境质量Ⅱ级	85.56	生境质量Ⅲ级	89.87	生境质量Ⅱ级	88.15	生境质量Ⅱ级
25	石柱县	92.52	生境质量Ⅰ级	90.78	生境质量Ⅱ级	88.17	生境质量Ⅱ级	92.75	生境质量Ⅱ级	94.84	生境质量Ⅰ级
26	铜梁区	88.89	生境质量Ⅱ级	91.45	生境质量Ⅱ级	87.57	生境质量Ⅱ级	92.55	生境质量Ⅱ级	90.80	生境质量Ⅱ级
27	潼南区	90.53	生境质量Ⅱ级	94.01	生境质量Ⅰ级	88.98	生境质量Ⅱ级	94.36	生境质量Ⅰ级	91.93	生境质量Ⅰ级
28	万盛经开区	92.39	生境质量Ⅰ级	92.98	生境质量Ⅰ级	92.58	生境质量Ⅱ级	93.24	生境质量Ⅱ级	90.44	生境质量Ⅱ级
29	万州区	82.90	生境质量Ⅲ级	83.89	生境质量Ⅲ级	82.74	生境质量Ⅲ级	85.89	生境质量Ⅲ级	86.38	生境质量Ⅱ级
30	巫山县	94.13	生境质量Ⅰ级	93.33	生境质量Ⅰ级	94.23	生境质量Ⅰ级	94.09	生境质量Ⅰ级	93.84	生境质量Ⅰ级
31	巫溪县	94.03	生境质量Ⅰ级	92.80	生境质量Ⅰ级	95.91	生境质量Ⅰ级	93.04	生境质量Ⅱ级	95.16	生境质量Ⅰ级
32	武隆区	94.46	生境质量Ⅰ级	93.08	生境质量Ⅰ级	92.18	生境质量Ⅱ级	95.35	生境质量Ⅰ级	89.37	生境质量Ⅱ级
33	秀山县	97.06	生境质量Ⅰ级	96.91	生境质量Ⅰ级	98.27	生境质量Ⅰ级	96.50	生境质量Ⅰ级	97.07	生境质量Ⅰ级
34	永川区	85.88	生境质量Ⅱ级	90.50	生境质量Ⅱ级	88.71	生境质量Ⅱ级	91.73	生境质量Ⅱ级	89.69	生境质量Ⅱ级
35	酉阳县	87.08	生境质量Ⅱ级	88.76	生境质量Ⅱ级	88.96	生境质量Ⅱ级	88.66	生境质量Ⅱ级	87.87	生境质量Ⅱ级
36	渝北区	71.47	生境质量Ⅳ级	74.18	生境质量Ⅳ级	69.60	生境质量Ⅳ级	75.25	生境质量Ⅳ级	72.99	生境质量Ⅳ级
37	渝中区	81.47	生境质量Ⅲ级	78.76	生境质量Ⅲ级	70.01	生境质量Ⅳ级	74.51	生境质量Ⅳ级	78.32	生境质量Ⅲ级
38	云阳县	81.01	生境质量Ⅲ级	82.76	生境质量Ⅲ级	80.35	生境质量Ⅲ级	83.02	生境质量Ⅲ级	82.43	生境质量Ⅲ级

表6-15(续)

序号	行政区名称	2002年	2002年等级	2006年	2006年等级	2010年	2010年等级	2014年	2014年等级	2018年	2018年等级
39	长寿区	84.08	生境质量Ⅲ级	88.70	生境质量Ⅱ级	85.72	生境质量Ⅱ级	91.37	生境质量Ⅱ级	91.15	生境质量Ⅱ级
40	忠县	87.71	生境质量Ⅱ级	86.84	生境质量Ⅱ级	86.69	生境质量Ⅱ级	90.94	生境质量Ⅱ级	90.46	生境质量Ⅱ级

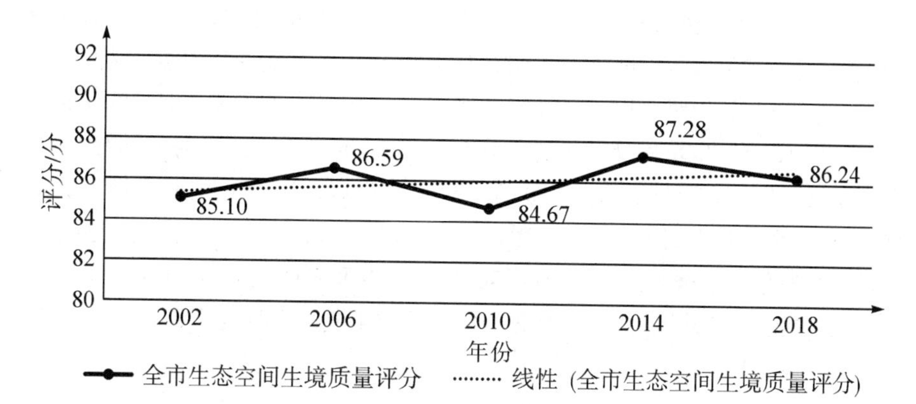

图6-7　2002—2018年全市生态空间生境质量评分变化

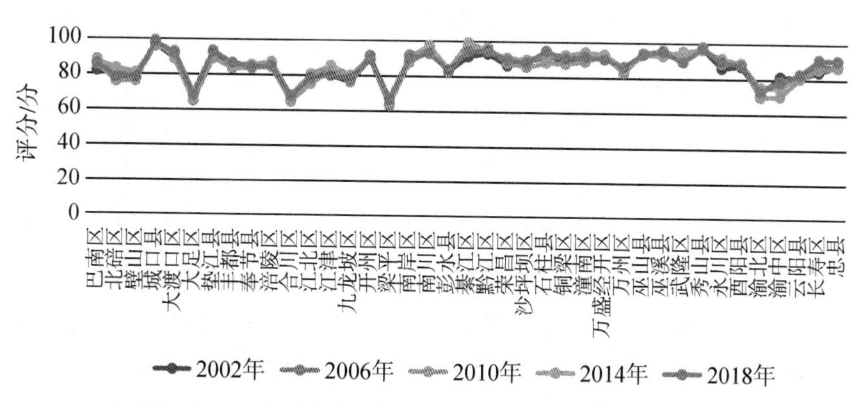

图6-8　2002—2018年各区县生态空间生境质量评分变化

从重庆市各个区县生态空间生境质量等级的研究结果可以看出（如表6-16所示），2002—2018年生境质量Ⅰ级到生境质量Ⅳ级的区县个数波动较小。2002年生境质量Ⅰ级的区县有10个，分别是万盛经开区、黔江区、綦江区、城口县、武隆区、巫山县、巫溪县、石柱县、秀山县、南川区，生境质量Ⅱ级的区县有14个，生境质量Ⅲ级的区县有11个，生境质量Ⅳ级的区县有四个，分别是梁平区、大足区、合川区、渝北区；2006 年生境质量Ⅰ级的区县有 10 个，分别是万盛经开区、黔江区、綦江区、潼南区、城口县、武隆区、巫山县、巫溪县、秀山县、南川区，生境质量Ⅱ级的区县有 13 个，较 2002 年减少一个，生境质量Ⅲ级的区县有 12 个，较 2002 年增加一个，生境质量Ⅳ级的 4 个区县依旧是梁平区、大足区、合川区、渝北区；2010 年生境质量Ⅰ级的区县有 7 个，分别是黔江区、綦江区、城口县、巫山县、巫溪县、秀山县、南川区，生境质量Ⅱ级的区县有 14 个，生境质量Ⅲ级的区县有 13 个，生境质量Ⅳ级的区县有 5 个，依旧有梁平区、大足区、合川区、渝北区四个区县，另外增加了渝中区；2014 年生境质量Ⅰ级的区县有 9 个，分别是黔江区、綦江区、潼南区、城口县、垫江县、武隆区、巫山县、秀山县、南川区，生境质量Ⅱ级的区县有 13 个，生境质量Ⅲ级的区县有 12 个，生境质量Ⅳ级的区县有 5 个，分别是梁平区、大足区、合川区、渝北区、渝中区；2018 年生境质量Ⅰ级的区县有 11 个，分别是大渡口区、黔江区、綦江区、城口县、垫江县、巫山县、巫溪县、石柱县、秀山县、南川区等，生境质量Ⅱ级的区县有 14 个，生境质量Ⅲ级的区县有 10 个，生境质量Ⅳ级的区县有 4 个，依旧是梁平区、大足区、合川区、渝北区。

表 6-16　2002—2018 年生态空间生境质量等级统计　　单位：个

生境质量等级	2002 年	2006 年	2010 年	2014 年	2018 年
生境质量Ⅰ级	10	10	7	9	11
生境质量Ⅱ级	14	13	14	13	14
生境质量Ⅲ级	11	12	13	12	10
生境质量Ⅳ级	4	4	5	5	4

（2）“一区两群”生态空间生境质量评价

通过对“一区两群”生态空间生境质量进行评分和等级划分（如表 6-17、图 6-9 所示），可以看出 2002—2018 年，生态空间生境质量评分最高的是渝东南武陵山区城镇群，生态空间生境质量评分最低的是重庆主城都市区，且生态空间生境质量评分波动最大的也是重庆主城都市区。从生境质量等级来看，2002—2018 年渝东南武陵山区城镇群均处于生境质量Ⅰ级，渝东北三峡库区城镇群均处于生境质量Ⅱ级，重庆主城都市区则在生境质量Ⅲ级和生境质量Ⅱ级之间波动。

表 6-17　2002—2018 年“一区两群”生态空间生境质量评分及等级

序号	行政区名称	2002 年	2002 年等级	2006 年	2006 年等级	2010 年	2010 年等级	2014 年	2014 年等级	2018 年	2018 年等级
1	重庆主城都市区	83.01	生境质量Ⅲ级	88.10	生境质量Ⅱ级	83.87	生境质量Ⅲ级	88.24	生境质量Ⅱ级	86.33	生境质量Ⅱ级
2	渝东北三峡库区城镇群	86.95	生境质量Ⅱ级	89.21	生境质量Ⅱ级	88.08	生境质量Ⅱ级	88.83	生境质量Ⅱ级	90.47	生境质量Ⅱ级
3	渝东南武陵山区城镇群	92.58	生境质量Ⅰ级	95.36	生境质量Ⅰ级	93.46	生境质量Ⅰ级	95.06	生境质量Ⅰ级	95.59	生境质量Ⅰ级

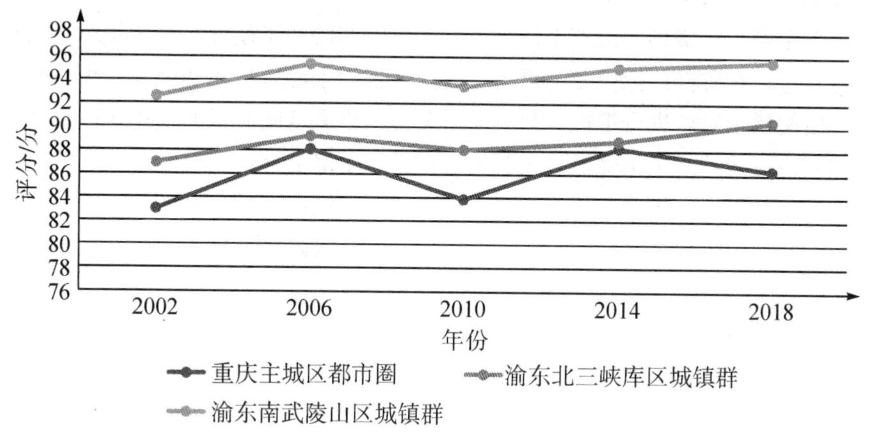

图 6-9　2002—2018 年“一区两群”生态空间生境质量变化

6.6　本章小结

摸清生态空间质量现状是认识生态空间的重要方面，在对生态空间的质量进行分析时，要能够发现生态空间存在的问题，从而更有针对性的对生态空间进行精细化管控。通过前文对生态空间质量的分析可以发现，生态空间质量的变化存在十分明显的规律性。

本章通过建立植被覆盖度模型、归一化建筑指数模型、图斑破碎度模型以及生境质量评价模型，对重庆市生态空间植被覆盖度、建筑指数、图斑破碎度进行分析，并在此基础上通过生境质量评价模型对全市生态空间进行评分定级。重庆市生态空间生境质量主要呈现出以下规律：①2002—2018 年，重庆市生态空间生境质量总体较好，各区县生态空间大多数处于生境质量Ⅱ级；②从具体得分来看，在研究年限间生态空间生境质量评分在波动变化，全市的生态空间生境质量呈现波动上升趋势；③研究年限内城口县、巫山县、秀山县、南川区、綦江区、黔江区 6 个区县的生境质量一直很好，处于生境质量Ⅰ级，渝北区、大足区、梁平区、合川区 4 个区县的生境质量一直很差，处于生境质量Ⅳ级，巴南区、武隆区 2 个区县的生境质量出现反复波动；④“一区两群”的生态空间生境质量也呈波动上升趋势，其中渝东南武陵山区城镇群和渝东北三峡库区城镇群生态空间生境质量波动较小，重庆主城都市区生境质量波动较大，生态空间生境质量最高的是渝东南武陵山区城镇群，生态空间生境质量最低的是重庆主城都市区。

对生态空间质量的把控本来就是一个长时间的动态过程，在对生态空间管控过程中，对质量的把控尤为重要。对生态空间生境质量的评价进一步说明了生态空间质量亟需进行把控，只有实时掌握了生态空间质量的变化才能保证区域内生态空间的质量不降低，生态环境质量不下降。

7　重庆市“十三五”期间生态空间落地现状典型案例分析

确保生态空间充分落地，对于生态制度建设、经济社会可持续发展具有十分重要的战略意义。从重庆市生态空间落地实际情况来看，生态空间落地存在两种类型的现状特点：一种是生态空间落地内部现状；另一种是生态空间落地边界现状。因此，本部分将对生态空间落地内部及边界两种现状以举例方式进行描述，并分析问题成因。

7.1　生态空间落地内部现状及存在的问题

7.1.1　生态空间落地内部现状

生态空间现有用途管制集中于耕地、林地、建设用地等，而当前城市发展、耕地保护、生态建设矛盾较为尖锐，生态空间内部存在与各用地类型（地类）之间的博弈。石柱县位于重庆市生态保护发展区，生态环境较为脆弱，其40.24%的区域面积位于生态空间范围内，具有典型性。本研究以石柱县大风堡自然保护区为典型案例，对生态空间内部现状进行描述。

（1）生态空间内部地类分布分析

将第三次全国国土调查数据中地类类型分为七类：耕地、园地、林地、草地、建设用地、水域、未利用地，各地类所占区域面积及占比见表7-1。

表 7-1　石柱县大风堡自然保护区各地类所占区域面积及占比

地类名称	图斑数量/个	图斑数量占比/%	面积/km^2	面积占比/%
耕地	2 693	23.02	8.93	3.87
园地	4 520	38.65	8.30	3.60
林地	2 327	19.90	209.48	90.81
草地	107	0.91	0.32	0.14
建设用地	1 432	12.24	1.54	0.67
水域	586	5.01	2.07	0.90
未利用地	31	0.27	0.05	0.02
总计	2 693	100	230.68	100

如表 7-1 所示，生态空间范围内石柱县大风堡自然保护区总面积为 230.68 km^2。在生态空间要素中，林地、草地、水域三种地类面积共 211.86 km^2，占总面积的 91.84%，其中林地面积占比最高，为 90.81%，草地面积占比最少，为 0.14%；在非生态空间要素中，园地、耕地、建设用地、未利用地四种地类面积共 18.82 km^2，占总面积的 8.16%，其中耕地面积占比最高，为 3.87%，未利用地面积占比最少，仅为 0.02%；小图斑（小于 400 m^2）的面积为 327 487.09 m^2，占总保护区面积的 0.14%，图斑数量占保护区总图斑数量的 16.57%。

（2）生态空间内部斑块粒度分析

①生态空间要素斑块

从大风堡自然保护区生态空间要素空间分布可以看出，其林地分布广泛，草地和水域分布较为分散。其中，林地平均面积为 90 020.06 m^2，最大值达到 7 687 703.77 m^2，图斑数量占比 19.90%；草地平均面积为 3 015.40 m^2，最大值达到 22 012.91 m^2，图斑数量占比 0.91%；水域平均面积为 3 524.35 m^2，最大值达到 121 644.68 m^2，图斑数量占比 5.01%，其具体占比见图 7-1。总体而言，草地、水域面积较小，但林地的存在使得三种地类以共计 90.81%的面积占比几乎占据全保护区。

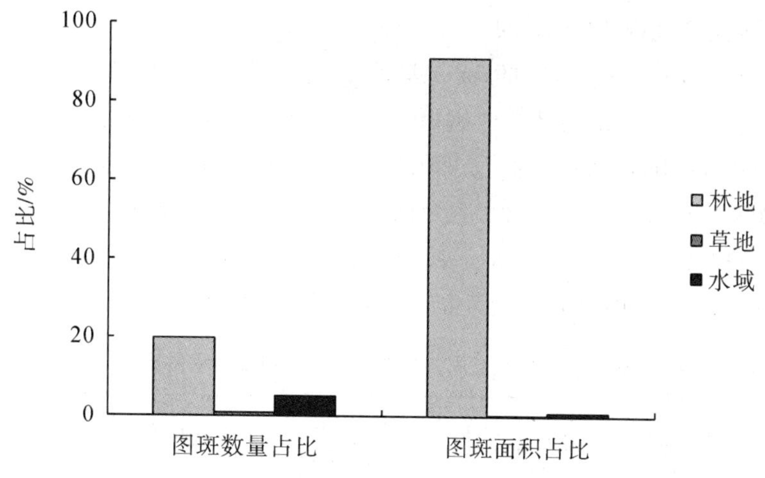

图 7-1　大风堡生态空间要素图斑数量及面积占比

②非生态空间要素斑块

从大风堡自然保护区非生态空间要素空间分布可以看出，其耕地、建设用地分布较为集中，未利用地、园地分布较为分散。其中，耕地平均面积为 3 013.42 m^2，最大值达到 125 968.76 m^2，图斑数量占比 23.02%；园地平均面积为 1 835.83 m^2，最大值达到 56 775.01 m^2，图斑数量占比 38.65%；建设用地平均面积为 1 077.68 m^2，最大值达到 26 070.92 m^2，图斑数量占比 12.24%；未利用地平均面积为 48 980.12 m^2，最大值达到 14 013.33 m^2，图斑数量占比 0.27%，其具体占比见图 7-2。总体而言，有耕地、建设用地、未利用地、园地等非生态空间要素分布于保护区内部，但同生态空间要素相较而言，其总面积占比较低，对区域板块整体影响较小。

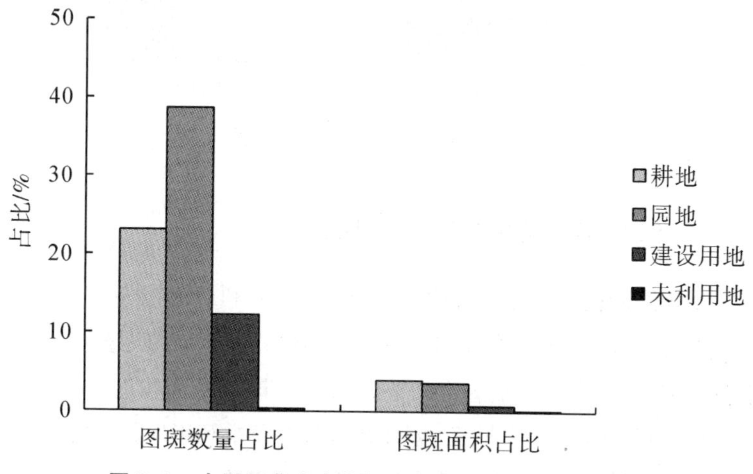

图 7-2　大风堡非生态空间要素图斑数量及面积占比

③生态空间内部扣除斑块

生态空间总面积为 71.33 km^2，非划入生态空间的图斑共 501 块，由此可以看出生态空间范围内部分区域扣除了较多小块图斑。区域扣除总面积为 8.17 km^2，占据该区域未扣除前总面积的 10.28%。其中，最小图斑面积为 609 m^2，最大图斑达到 729 215 m^2，平均图斑面积为 16 301 m^2。以 2 000 m^{2}的图斑面积为分界线对其进行分类，具体如表 7-2 和图 7-3 所示。总体而言，扣除斑块现象在生态空间划定范围中较为常见，对空间落地影响较小。

表 7-2 生态空间扣除图斑分类数量及面积占比

类型	图斑数量/个	图斑数量占比/%	图斑面积/m^2	图斑面积占比/%
小于 2 000 m^{2}图斑	85	16.97	118 084.6	1.45
大于 2 000 m^{2}图斑	416	83.03	8 049 049	98.55

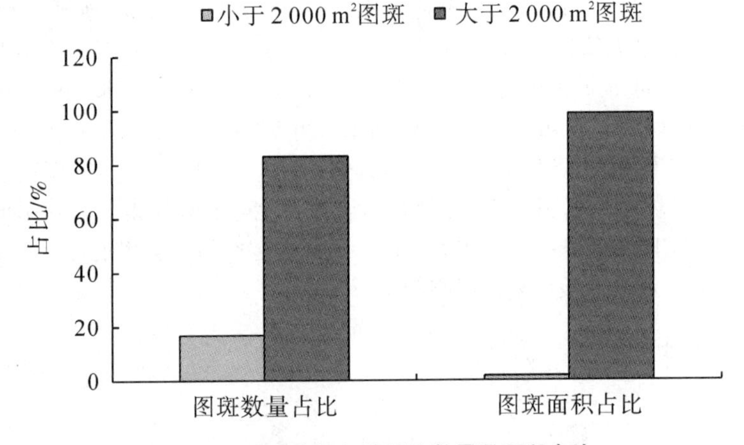

图 7-3 生态空间扣除图斑数量及面积占比

7.1.2 生态空间落地内部问题及成因分析

(1) 生态空间范围内存在耕地、建筑用地、未利用地等非生态空间要素

以上述重庆市石柱县大风堡自然保护区为例，该区域内生态空间要素占据面积比例为 91.84%，而非生态空间要素占据了该区域面积的 8.16%。其中，在非生态空间要素图斑数量方面，园地数量最多，未利用地数量最少；在图斑面积方面，耕地面积占比最大，未利用地面积占比最小。

成因分析：划定生态空间时需考虑各方面（社会、经济、环境等）影响，划定所需的时间、空间数据是一个重要的影响因素，因此制定生态空间时可能会因数据的时效性（如土地变更、规划等数据在制定生态空间时未及时采用）或未考虑其他生态相关数据的影响，导致部分非生态空间要素出现在生态空间内部。

（2）空间内部分区域整体一致性较低

以上述生态空间内某图斑为例，该图斑扣除前总面积为 79.5 km^2，扣除后划入生态空间的图斑面积为 71.33 km^2，即扣除 501 块图斑使得生态空间较为破碎，整体性较差。

成因分析：生态空间从某种意义上是限定城市建设空间发展的“底线空间”，也是与耕地保护具有同等地位的管控目标，即人类的空间利用行为使得城镇空间与农业空间具有向自然生态空间挤占的作用。因此，生态空间会受到较多方面用地扩张的冲击，从而使内部演化为非生态空间要素的用地类型扣除。

7.2 生态空间落地边界现状及存在的问题

7.2.1 生态空间落地边界现状

相比生态空间落地内部情况，边界情况更为简单且出现频数更少。本节同样选取重庆市石柱县大风堡自然保护区，对生态空间落地边界现状进行描述，并通过现状引出生态空间落地边界现状问题，分析问题成因。

（1）生态空间边界地类分布分析

按位置选择将大风堡自然保护区边界和三调图斑进行叠加分析，其涉及图斑数量、面积及占比见表 7-3。

表 7-3 大风堡自然保护区边界图斑数量及面积占比

地类名称	图斑数量/个	图斑数量占比/%	图斑面积/km^2	图斑面积占比/%
耕地	307	28.27	0.99	0.67
园地	259	23.85	0.37	0.25
林地	266	24.49	145.16	98.42
草地	4	0.37	0.03	0.02
建设用地	147	13.54	0.39	0.27
水域	103	9.48	0.55	0.37

如表 7-3 所示，大风堡自然保护区生态空间边界线涉及 1 086 块图斑，其中耕地图斑数量最多，为 307 块，图斑面积占比为 0.67%；园地图斑数量为 259 块，图斑面积占比为 0.25%；林地图斑数量为 266 块，图斑面积占比为 98.42%；草地图斑数量为 4 块，图斑面积占比为 0.02%；建设用地图斑数量为 147 块，图斑面积占比为 0.27%；水域图斑数量为 103 块，图斑面积占比为 0.37%。

（2）生态空间边界斑块粒度分析

大风堡自然保护区划定生态空间边界时切割了部分图斑，将图斑切割前后面积进行提取，如表 7-4 所示。

表 7-4　大风堡自然保护区划入生态空间图斑面积占比

地类名称	原三调图斑总面积/km^2	划入面积/km^2	划入面积占整图斑面积比/%	未划入面积/km^2	未划入面积占整图斑面积比/%
耕地	2.04	0.99	48.68	1.05	51.32
园地	0.75	0.37	49.59	0.38	50.41
林地	214.86	145.16	67.56	69.70	32.44
草地	0.07	0.03	45.04	0.04	54.96
建设用地	0.67	0.39	58.52	0.28	41.48
水域	1.47	0.55	37.21	0.93	62.79

由表 7-4 可以看出，耕地图斑划入生态空间面积占整图斑面积的 48.68%，未划入面积 10.5 km^2，占整图斑面积比为 51.32%；园地图斑划入生态空间面积占整图斑面积的 49.59%，未划入面积 0.38 km^2，占整图斑面积比为 50.41%；林地图斑划入生态空间面积占整图斑面积的 67.56%，未划入面积 69.70 km^2，占整图斑面积比为 32.44%；草地图斑划入生态空间面积占整图斑面积的 45.04%，未划入面积 0.04 km^2，占整图斑面积比为 54.96%；建设用地图斑划入生态空间面积占整图斑面积的 58.52%，未划入面积 0.28 km^2，占整图斑面积比为 41.4%；水域图斑划入生态空间面积占整图斑面积的 37.21%，未划入面积 0.93 km^2，占整图斑面积比为 62.79%。大风堡边界线内外图斑面积占比见图 7-4。

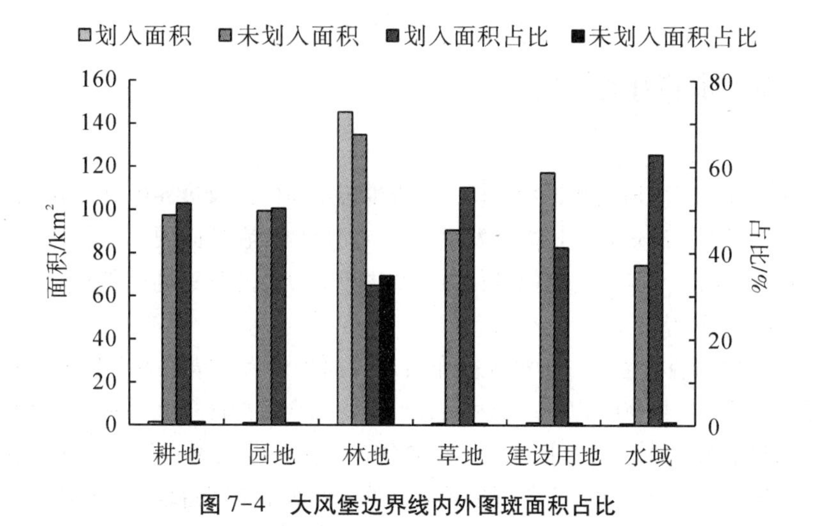

图 7-4 大风堡边界线内外图斑面积占比

7.2.2 生态空间边界问题及成因分析

(1) 生态空间边界划定时未精准走线

由表7-3中耕地、园地、建设用地三种地类类型所占原图斑面积比可以看出，划定生态空间边界时横穿了部分非生态空间要素，导致生态空间内非生态空间要素总量增加。

成因分析：划定生态空间时采取了精度较低的1：50 000比例尺，从而导致生态空间边界准度不高，出现边界穿过非生态空间要素或扣除了生态空间要素的问题。

(2) 生态空间边界划定时未保留生态空间要素

由表7-3中林地、草地、水域三种地类类型所占原图斑面积比可以看出，划定生态空间边界时未考虑生态空间要素的整体性，而是将其同非生态空间要素一并划出生态空间。

成因分析：划定生态空间边界时未考虑数据或政策等的时效性，导致生态空间边界存在非生态空间要素或扣除了多余的生态空间要素；与(1)点相同，数据精度的不同同样会导致该问题的出现。

7.3 本章小结

对生态空间落地现状进行分析，核查生态空间内部及边界斑块，不仅能够更详细地了解图斑现状，还能够发现生态空间落地存在的问题。本章选取大风堡自然保护区，对其生态空间进行内部及边界划分，并分别进行图斑分析，发现以下特点及问题：

（1）内部现状特点：①林地分布最广且面积最大，草地及水域分布较为分散，三种地类以90%以上的面积占比几乎占据全保护区；②有耕地、建设用地、未利用地、园地等非生态空间要素分布于保护区内部，但总面积占比较低；③生态空间内部扣除斑块现象较为常见，但对于空间落地影响较小。内部现状问题：①生态空间范围内存在耕地、建筑用地、未利用地等非生态空间要素；②空间内部分区域整体一致性较低。

（2）边界现状特点：①在生态空间划定边界时所涉及的图斑中，林地的图斑面积占比高达98%，草地的图斑面积占比最小；②生态空间边界涉及图斑以51.1%的平均比例划入生态空间，其中水域划入比最低，林地划入比最高。边界现状问题：①生态空间边界划定时未精准走线；②生态空间边界划定时未保留生态空间要素。

通过以上分析可以看出，生态空间落地存在少量问题。目前，只有通过对现状问题进行分析及后续管控，才能确保其充分落地，从而发挥其对于生态、经济、社会等的战略意义。

8 重庆市“十四五”生态空间总量预测

区域生态用地通过光合作用与大气交换二氧化碳（CO_2），从而对维持大气中 CO_2的动态平衡发挥关键作用，同时大气运动的缓慢性会使区域社会经济发展与人类生活产生的温室气体在某一固定的时间内滞留在该区域，并对人类生活与社会生产带来严重的影响。因此，本章根据区域碳排放与生态系统固碳的能力差异，推算保证区域碳平衡所需要的生态空间数量。

8.1 重庆市生态空间预测原理和方法

碳排放计算方法与模型，按照设计思路可以分为宏观和微观两大类。宏观估算模型主要对碳排放核算给出概念性解释与方法，而微观估算模型则直接面对不同的排放源类型估算出碳排放量。目前，使用范围较广、兼具宏观和微观特点的方法有排放因子法、质量平衡法和实测法三种。碳排放包括人工排放和自然排放，我们一般计算的是人工排放，按美国能源部下属的二氧化碳信息分析中心（Carbon Dioxide Information Analysis Center，CDIAC）的计算方法，碳排放总量包括固体燃料、液体燃料、气体燃料以及水泥生产的碳排放。对碳排放总量测算一般采用联合国政府间气候变化专门委员会（IPCC）/经济合作与发展组织（OECD）推荐的方法，即根据消耗的能源数量以及能耗排放系数来估算。其计算公式如下：

$$Q_t = E_C\,\delta_C + E_0\,\delta_0 + E_n\,\delta_n \tag{1}$$

式（1）中：Q_t为燃料碳排放总量，E_C、E_0、E_n分别为固体燃料、液体燃料、气体燃料消耗的能源总量，δ_C、δ_0、δ_n分别为固体燃料、液体燃料、气体燃料的碳排放系数。本文选用的排放系数为美国能源部公布的数据，即煤炭、石

油、天然气的碳排放系数分别为 0.702、0.478、0.389 kg 碳/kg 标煤。因此，本文使用的估算关系式为

$$Q_t = 0.702\,E_C + 0.478\,E_0 + 0.389\,E_n \tag{2}$$

同时，人类自身呼吸作用也会排放一定量的碳，其公式如下：

$$Q_b = 0.1095 \times M \tag{3}$$

式中：Q_b为人类自身呼吸作用释放的碳量，M 为区域常住人口。

由此，碳排放总量为

$$Q = Q_t + Q_b \tag{4}$$

从固碳释氧角度而言，植物生态系统是固碳重要的“汇”。应用生物量法测算固碳释氧能力，其固碳量（Sc）为

$$S_C = \alpha \sum_{i=1}^{n} A_i \cdot b_i \tag{5}$$

式中：S_C为固碳量；i 为土地类型；A_i为第 i 种土地类型面积；α 为单位生物量固碳系数。

8.2 重庆市释碳固碳测算

8.2.1 重庆市释碳总量测算

我们根据重庆市统计局发布的各年份重庆统计年鉴，得到 2012—2018 年重庆市煤炭、天然气、油料三种能源的消费量及常住人口数据，如表 8-1 所示。

表 8-1 2012—2018 年重庆市燃料消费量及常住人口数据统计

年份	煤炭 /万吨标准煤	天然气 /万吨标准煤	油料 /万吨标准煤	常住人口 /万人
2012	3 563.96	810.10	801.63	2 945.00
2013	3 935.09	823.92	889.18	2 970.00
2014	3 983.97	937.46	887.81	2 991.40
2015	3 994.40	1 008.76	999.15	3 016.55
2016	3 830.26	1 019.61	1 084.27	3 048.43
2017	3 899.16	1 087.18	1 139.04	3 075.16
2018	4 050.94	1 323.39	1 347.72	3 101.79

将表 8-1 中数据代入式（2）、（3）、（4）中，可得 2012—2018 年重庆市碳排放总量，如表 8-2 所示。

表 8-2　重庆市 2012—2018 年碳排放总量

年份	碳排放总量/万吨
2012	3 522. 69
2013	3 833. 18
2014	3 913. 35
2015	4 004. 38
2016	3 937. 55
2017	4 041. 31
2018	4 342. 41

根据近 7 年重庆市碳排放总量数据，对碳排放年均增长量 Q_{ave} 进行计算，即

$$Q_{ave} = (Q_{2018} - Q_{2012}) \div 6 \tag{6}$$

将表 8-2 数据代入式（6），得到重庆市碳排放年均增长量为 136. 62 万吨，对重庆市 2019—2025 年碳排放总量进行预测，如表 8-3 及图 8-1 所示。

表 8-3　重庆市 2019—2025 年碳排放总量预测

年份	碳排放总量/万吨
2019	4 479. 04
2020	4 615. 66
2021	4 752. 28
2022	4 888. 90
2023	5 025. 52
2024	5 162. 14
2025	5 298. 77

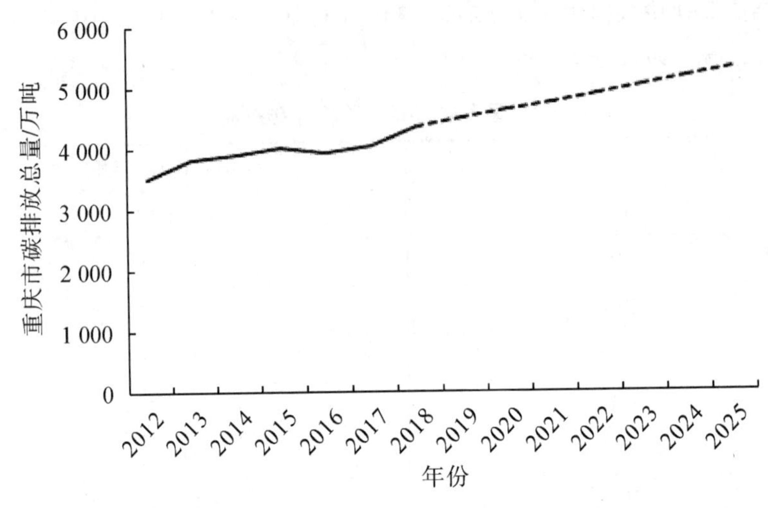

图 8-1　重庆市 2012—2025 年碳排放总量

8.2.2　2018 年重庆市固碳总量测算

根据式（5）定义，本节将重庆市耕地、园地、林地、疏林地、草地、水域湿地作为参与固碳活动的用地类型。我们根据各类用地固碳能力，即可测算重庆市 2018 年固碳总量（见表 8-4），由表可知 2018 年重庆市生态空间固碳总量为 4 931.98 万吨。

表 8-4　2018 年重庆市参与固碳地类面积统计

项目	土地面积/km^2	固碳能力/吨 · hm^{-2}	固碳量/万吨
耕地	20 231	6. 86	1 387. 85
园地	2 705	4. 14	111. 99
林地	23 766	9. 03	2 146. 07
疏林地	23 441	4. 93	1 155. 64
草地	248	3. 44	8. 53
水域及湿地	2 709	4. 50	121. 91
合计	73 100	—	4 931. 98

（注：$S_{疏林地} = S_{2018年总林地} - S_{核心区林地}$）

8.3 重庆市生态空间总量预测

在碳排放趋势不变的前提下，由表 8-3、表 8-4 可计算出重庆市 2019—2025 年生态空间固碳缺量，见表 8-5 及图 8-2。

表 8-5 2019—2025 年重庆市生态空间固碳缺量及所需林地面积

年份	重庆市生态空间固碳缺量/万吨	所需林地面积/km²
2019	-452.94	—
2020	-316.32	—
2021	-179.70	—
2022	-43.08	—
2023	93.54	1 035.90
2024	230.16	2 548.87
2025	366.78	4 061.85

（注：固碳量缺量=释碳量-固碳量）

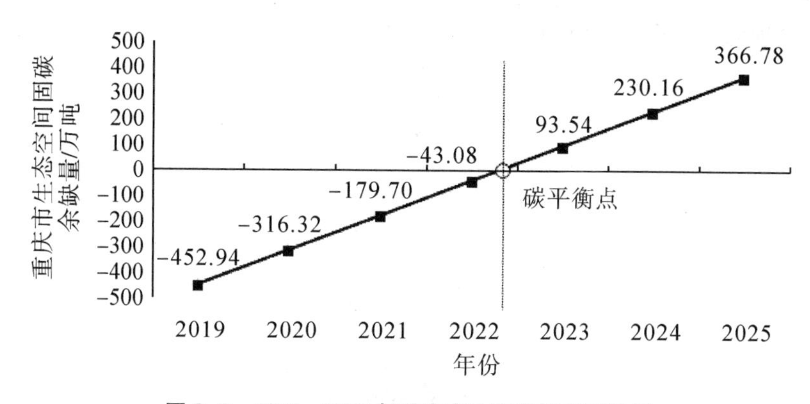

图 8-2 2019—2025 年重庆市生态空间固碳缺量

由表 8-5 及图 8-2 可以看出，重庆市生态空间在 2019—2022 年能够固碳的总量大于对应年份的碳排放量，但到 2023 年，碳排放量开始大于生态空间能够固碳的总量，且该缺口在不断增大。在现有碳排放趋势不变的前提下，预测出 2023 年生态空间固碳缺量为 93.54 万吨，2024 年生态空间固碳缺量为 230.16 万吨，2025 年生态空间固碳缺量为 366.78 万吨。根据预测出的生态空间固碳缺量，可计算出重庆市生态空间 2023 年需增加的林地面积为 1 035. 90 km^2，2024 年需增加的林地面积为 2 548. 87 km^2，2025 年需增加的林地面积为 4 061. 85 km^2。

8.4 本章小结

本章利用碳排放公式对重庆市 2012—2018 年碳排放总量进行了计算，得出碳排放总量年平均增长值后，在碳排放趋势不变的前提下对 2019—2025 年重庆市碳排放总量进行预测，并将其与 2018 年生态空间固碳总量进行差值计算，得出以下结论：①重庆市 2012—2018 年碳排放总量呈现波动上升趋势，在趋势不变的前提下，碳排放总量整体在以 136. 62 万吨/年的速度上升；②生态空间的需求是动态变化的，不同时期对生态空间的需求不同，重庆市生态空间固碳量在 2022 年之前能够满足碳排放总量，但在 2023 年出现固碳缺口，生态空间面积已不能满足固碳总量要求；③根据预测的碳排放量计算出重庆市生态空间 2023 年生态空间固碳缺量为 93. 54 万吨，2024 年生态空间固碳缺量为 230. 16 万吨，2025 年生态空间固碳缺量为 366. 78 万吨，2023 年需增加的林地面积为 1 035. 90 km^2，2024 年需增加的林地面积为 2 548. 87 km^2，2025 年需增加的林地面积为 4 061. 85 km^2。

9 重庆市“十四五”生态空间管控建议

9.1 重庆市“十三五”生态空间管控问题与成因

（1）面积不够，无法满足“十四五”期间发展需求

通过对“十四五”期间碳排放测算发现，生态空间的需求是动态变化的，2023年全市生态空间总量将不能满足“十四五”期间发展的需求。在现有碳排放趋势不变的前提下，预测出2023年生态空间固碳缺量为93.54万吨，2024年生态空间固碳缺量为230.16万吨，2025年生态空间固碳缺量为366.78万吨。如果“十四五”期间重庆市碳减排、碳中和进程加快，那么生态空间缺口将有所减小。

（2）数量和质量不均制约区县均衡发展

通过对重庆市生态空间在各区县的数量分布分析和生境质量评价发现，生态空间在全市各区县的数量分布差异很大，同时各区县生态空间的质量也参差不齐。我们在研究中发现某些区县生态空间分布面积超过了行政区面积的30%，甚至有个别区县生态空间的分布面积占到了行政区面积的50%以上；同时在对各区县生态空间进行评价时发现，区县生态空间生境质量的评分介于60~99分，评分差距较明显。区县间生态空间数量和质量的差异会导致某些区县因生态空间保护面积过大而制约经济发展，从而拉大区县间经济发展差距。

造成区县间生态空间数量和质量分布不均的原因主要是：①各区县自然条件的差异如地形、海拔等因素的影响使得其自然地理条件差异较大，因此在生态空间划分时造成了各区县生态空间的差异；②各区县在生态空间划定时采用的参照数据不同，导致了生态空间划定时面积的差异；③各区县生态空间管控的面积差距较大，在管控过程中生态空间面积较大的区县无法对生态空间进行

精细化管理，同时不同区县对生态空间的重视程度也存在一定的差异，导致生态空间的质量出现波动。

（3）多源数据基础不统一影响空间落地

通过对重庆市典型区县的生态空间范围进行识别发现，生态空间的边界与实际影像的边界不一致。生态空间边界线在和第三次全国国土调查等数据叠加时还出现了边界线走向不一致、分割出线条状细小图斑的现象。生态空间中存在非生态要素，主要表现为生态空间边界破开了耕地、道路以及建设用地等非生态要素。同时研究发现生态空间内部分区域整体一致性较低，内部非生态空间的扣除导致了生态空间的整体性变差，对生态空间的落地管控造成了一定难度。

造成生态空间出现边界走向不一致、生态空间整体性较差的现象的原因主要是：①生态空间基础数据由于早期条件的限制，在制作基础数据时坐标有北京 54、西安 80 等坐标系，且其投影的方式也不同，同时在比例尺上也未做到完全统一，如采用 1∶50 000、1∶10 000 等不同的比例尺标准；②在生态空间基础数据制作时，实际情况不同，有的区县采用地形图提取，有的区县采用不同精度的遥感影像提取，从而进一步导致生态空间的基础数据差异增大；③生态空间数据在与其他部门如林业、国土等部门的数据进行套合时，各部门间的数据制作标准也不完全统一，因此导致边界走向不一致，出现缝隙和碎图斑等情况。

（4）部门职责不清晰影响政策深入落实

通过对生态空间管控相关政策和文献的研究发现，目前生态空间管控的各部门间权责界线不清晰，生态空间管控的主体、客体、参与者、受益者的具体职责分工不明确。对生态空间的管控既涉及自然资源部门，又涉及生态环境部门，两者对生态空间的管控存在交集，职责范围边界不清晰，对责任单位界定模糊。此外，各个部分在对生态空间质量管控上存在较大的空白，即重视对生态空间数量的把控，忽视了对生态空间生境质量的控制。

政府的宏观政策是一系列具体政策实施的风向标，直接影响全局的走向。造成宏观政策不明确、生态空间管控不到位的主要原因是：①对自然保护地、自然地以及生态空间的差异不明确，导致生态空间宏观政策的制定缺乏针对性；②由于对生态空间的管控既涉及自然资源部门又涉及生态环境部门，生态空间管控的宏观政策制定缺乏统一性；③机制不完善，对生态空间管控的主体、客体、参与者、受益者的界定不明确，没有完善的奖惩和管控机制，不能形成威慑，同时只注重对生态空间数量的管控，而忽略了对生态空间生境质量的把控。

（5）监控手段落后影响监控效果

通过对生态空间监控手段的充分研究发现，目前生态空间监控体系比较健全，但监控手段较为落后，没有跟上生态空间管控的迫切需求。目前对生态空间的监控手段单一，主要停留在监测站点的层面，且监控重点落在对生态空间数量的监管上，忽视了对生态空间生境质量的动态监测。监控的法律政策、技术手段有待完善，各地不能快速发现问题、解决问题，不能多管齐下。

对生态空间的监控是保证生态空间数量不减少、功能不降低、质量不下降的关键，分析生态空间监控问题的成因主要是：①现有监控手段没有及时更新换代，没有构建起政策、法律法规、公众参与、技术手段等全方位的监控手段，不能够实现多维度、多层次生态空间动态监测，不能快速监测生态空间的变化；②目前管控路径的实施，都是初步探究，缺乏深入分析、采取符合各地特征的生态空间保护区的发展和建设措施，保障生态保护红线高效实施。同时管控路径尚未形成系统化的理论研究体系，需要进一步延伸生态空间理论体系在理论、内容和方法等方面的广度和深度，形成系统化的理论研究体系；③生态空间内部实现“一刀切”，即生态空间内能干什么、不能干什么的边界范围不清晰，同时仅仅关注生态空间数量的变化，缺乏切实有效对生态空间质量的监控。

（6）质量表征体系不完善影响生境质量变化快速评价

通过对生态空间生境质量的评价发现，重庆市生态空间质量是存在实时动态变化的，且这种变化需要明确的生境质量指标进行评价。因此，目前存在的一个重要问题就是生态空间质量表征体系不完善，即没有完整的生境质量评价指标。同时，生态空间生境质量的上升和下降没有完善的评价体系，这导致无法快速对生态空间生境质量进行评价，无法迅速对生态空间生境质量的变化制定出符合实际情况且切实有效恢复生态质量的措施。

生态空间质量表征体系不完善的原因主要是：①目前对生态空间质量方面的研究不够深入，缺少相关的理论依据支撑，生态空间生境质量表征变化指标体系需要进行更加深入的研究完善；②一直以来生态空间管控重视对数量的控制，缺乏对质量的把控，这导致了对生态空间质量的忽视，同时也是造成生态空间生境质量表征体系不完善的原因之一；③生态空间生境质量的表征分为隐性和显性，这导致对生态空间生境质量变化评价指标的选择存在一定的难度，无法对生态空间生境质量进行快速评价。

（7）保障体系不健全影响管控成效

通过对生态空间管控的保障体系的研究发现，生态空间管控保障体系不完善，对生态空间管控政策的落实缺乏有效的考核机制，从而导致对生态空间管控的到位情况没有有效的后续监管。其薄弱环节主要表现在政策手段易滞后、及时跟进能力不足，且缺乏监督职能保障其自身有效性。

造成生态空间管控保障体系不完善的主要原因是：①相关生态空间管控工作任务经由上级政府推动下级实施，落实到市、区、县、街道、镇、乡各部门，管控手段时效性的薄弱会导致管理难以细致到点、落实到地；②生态空间管控考核标准界线模糊，生态空间考核标准未形成完整的体系，导致生态空间管控等措施落实不到位；③在生态空间管控的过程中没有充分发挥法律法规、市场机制、公众参与的作用，导致对生态空间管控的环节没有实现全面把控。

9.2 重庆市“十四五”生态空间管控建议

本研究通过对重庆市空间管控的研究和思考，总结了生态空间管控重点和管控效果，梳理了重庆市生态保护红线、各类自然保护地等重要生态空间分布的数据、图谱特征及规律，对重庆市生态空间有了充分的认识。同时，本研究利用“天—空—地”一体化技术分析了重庆市生态空间规划落地现状情况、存在的问题及成因，了解了当前重庆市生态空间管控的落地情况，并结合经济社会发展对生态空间的要求，建立了“释碳—固碳”模型测算重庆市“十四五”期间生态空间总体数量底线。此外，还建立了生境质量评价模型对全市生态空间生境质量进行评价，并基于对生态空间变化情况及其原因的分析，对重庆市“十四五”期间生态空间提出以下思路和策略：

（1）动态增加核心生态空间面积，满足发展需求

通过运用模型对现有核心生态空间的核算发现，各地对生态空间的需求是动态变化的。如果在不考虑碳减排进程加快的前提下，2023 年开始生态空间面积将无法满足“十四五”期间的发展需求。因此，为了进一步满足生态的需要，我们要从一般生态空间中补划核心生态空间，进一步增大核心生态空间的面积和占比。例如，将现有的疏林地进行保护，使其生态功能逐渐上升，并在其达到一定条件后，将其补划进入核心生态空间。

（2）实施生态补偿，平衡区域发展

生态补偿机制是以保护生态环境、促进人与自然和谐为目的，根据生态系

统服务价值、生态保护成本、发展机会成本，综合运用行政和市场手段，调整生态环境保护和建设相关各方之间利益关系的一种制度安排。目前重庆市生态空间分布非常不均衡，区县间生态空间数量差异较大，为了更好地协调部分区县因为保护生态空间而制约经济发展的情况，本研究建议根据生态空间的面积分布差异，通过采用植被覆盖度、归一化建筑指数、图斑破碎度指数等遥感表征指标建立模型对生态空间的生境质量进行评价等手段建立一套生态空间的生态补偿机制，保障因保护生态空间而受到经济发展限制的区县能够进一步发展。

（3）统一数据基础，完善生态空间数据

2019 年 11 月 7 日，中共中央办公厅、国务院办公厅印发的《关于在国土空间规划中统筹划定三条控制线的指导意见》中明确提出统一数据基础，以第三次全国国土调查成果直接作为工作地图。统一数据基础，是解决生态空间落地管控的关键。针对生态空间基础数据制作时技术标准不统一导致生态空间数据参差不齐的问题，各地要做到“四统一”，即统一坐标、统一比例尺、统一椭球体投影参数、统一参照数据，同时要与国土空间数据相统一；要明确空间范围内非生态空间要素可扣除图斑的面积标准，实现生态空间斑块的完整性，并运用第三次全国国土调查数据对生态空间数据进行修正，从而促进生态空间基础数据的统一性和准确性。

（4）完善体制机制，形成监管合力

生态空间管控主体界线明确，是生态空间管控策略能够深入实施的关键。生态空间在管控过程中存在两个主体，一个是自然资源部门，一个是生态环境部门。两个部门对生态空间的管控存在交集，因此必须完善生态空间管控机制，对生态空间管控的主体、客体、参与者、受益者进行界定。在对生态空间管控宏观政策的制定和颁布时，必须要做到两部门统一，并深入落实到区县、乡镇级主体，避免生态空间管控政策落实不到位、实施不深入。

（5）完善监控体系，实现时空动态监管

建立起一套政策、法律法规、公众参与、技术支撑全方位生态空间监控体系，可以形成“市县镇三级联动”，清晰定位各级组织的职能分工，科学制定业务发展考核方式，合理调整工作模式，实行生态空间管理流程的优化重组。同时，充分发挥“天—空—地”一体化技术优势，对生态空间进行时间和空间上全方位、多层次的多柜台监控，如定期使用无人机对无人区生态空间的现状进行摸底，可切实掌握对生态空间管控策略落实情况，及时发现问题、解决问题。此外，落实生态环境监测数据集成共享机制，整合生态环境、自然资源、水利、农业、林业、卫生等部门的生态环境监测数据，可构建全区生态环境监测大数据平台；推动环境监测社会化服务改革，支持和指导第三方环境监测服务机构发展，可对重点污染源、重要生态空间实施在线监测。

（6）建立表征体系，实现生境质量快速评价

生态空间生境质量是动态变化的，如何对生境质量的变化快速反应是生态空间质量管控的重中之重。本研究建议通过选取多个影响质量因子，综合评价生态空间质量，根据不同的实地情况适当增选影响因子，对生态空间质量进行分等定级，根据不同等级综合建立生态空间质量体系，从而实现对生态空间的精准把控；各地必须明确生态空间隐性和显性的生境质量指标，建立生态空间质量表征体系，将植被覆盖度、建筑指数、图斑破碎度指数等指标纳入到生境质量考核指标当中。同时，在对单个风景名胜区、湿地公园等生态空间斑块的评价中，各地可以充分考虑斑块的大小和破碎度指标对生态空间生境质量进行评价。此外，还应进一步加强 GIS 空间分析技术与生态学理论的碰撞，在生态数据空间模拟方面建立新的运算模型，丰富生态空间生境质量评价的理论体系。

（7）完善绩效考核，保障政策时效性

构建符合生态文明和地区区情的绩效考核评价体系，并在制定体系的同时考虑生态质量是生态空间环境系统客观存在的一种本质属性，引入绿度、湿度、植被覆盖度等指标来量化生态质量，对生态空间的生态质量的优劣程度及变化幅度进行及时衡量与快速反映。此外，将通过“天—空—地”技术更新的数据作为对照，把握生态数量变化的同时对自然干扰和人为活动所引起的生态服务功能变化进行动态监测和评价，将生态数量、质量、功能作为绩效考核的重要指标；进一步细化明确相关政策性文件中的的原则性管控要求，保障管控策略与主要职能部门间的有效对接，加大生态空间管控措施，落实执行力度，并为常态化管理提供政策保障。

参考文献

[1] 王帆宇. 新时期中国社会转型进程中的生态文明建设研究 [D]. 苏州大学，2016.

[2] 陈兵. 城市空间治理研究 [D]. 华中科技大学，2019.

[3] 程钰. 人地关系地域系统演变与优化研究 [D]. 济南：山东师范大学，2014.

[4] 王岳. 重庆空间规划体系构建理论探索与实践研究 [D]. 重庆：重庆大学，2019.

[5] 何翔宇. 市域“三生”空间划定与优化调控研究 [D]. 北京：中国地质大学（北京），2020.

[6] 王智勇. 快速成长期城市密集区生态空间框架及其保护策略研究 [D]. 华中科技大学，2013.

[7] 冯健，周一星. 中国城市内部空间结构研究进展与展望 [J]. 地理科学进展，2003（3）：204-215.

[8] 爱德华·塔阿菲，张秉文. 论空间观点 [J]. 经济地理，1981（1）：78-84.

[9] 杨吾扬. 经济地理学、空间经济学与区域科学 [J]. 地理学报，1992（6）.

[10] 胡志丁，葛岳静，徐建伟，等. 空间与经济地理学理论构建 [J]. 地理科学进展，2012，31（6）：676-685.

[11] 王晓磊. 社会空间论 [D]. 武汉：华中科技大学，2010.

[12] 毕巍强. 空间理论与空间复杂模型研究 [D]. 北京：中国地质大学（北京），2003：10-15.

[13] 朱明艺. 新韦伯主义视角下我国城市社会空间分异及其治理研究 [D]. 济南：山东大学，2014.

［14］阎小培. 近年来我国城市地理学主要研究领域的新进展［J］. 地理学报，1994（6）：533-542.

［15］魏立华，闫小培. 转型期中国城市社会空间演进动力及其模式研究：以广州市为例［J］. 地理与地理信息科学，2006（1）：67-72.

［16］庞瑞秋. 中国大城市社会空间分异研究［D］. 长春：东北师范大学，2009.

［17］肖笃宁，布仁仓，李秀珍. 生态空间理论与景观异质性［J］. 生态学报，1997（5）：3-11.

［18］张宇星. 城镇生态空间理论初探［J］. 城市规划，1995（2）：17-19，31，64.

［19］乔慧捷，胡军华，黄继红. 生态位模型的理论基础、发展方向与挑战［J］. 中国科学：生命科学，2013，43（11）：915-927.

［20］王晓博. 生态空间理论在区域规划中的应用研究［D］. 北京：北京林业大学，2006.

［21］肖笃宁，布仁仓，李秀珍. 生态空间理论和景观异质性［J］. 生态学报，1997，7（5）：453-661.

［22］高瑀晗. 我国生态空间理论研究概述［J］. 陕西林业科技，2019，47（6）：93-99，110.

［23］郭荣朝，苗长虹. 城市群生态空间结构研究［J］. 经济地理，2007（1）：104-107，92.

［24］周霞，张林艳，叶万辉. 生态空间理论及其在生物入侵研究中的应用［J］. 地球科学进展，2002，4：588-594.

［25］彭少麟，向言词. 植物外来种入侵及其对生态系统的影响［J］. 生态学报，1999（4）：560-568.

［26］高增祥，陈尚，李典谟，等. 岛屿生物地理学与集合种群理论的本质与渊源［J］. 生态学报，2007，1：304-313.

［27］赵淑清，方精云，雷光春. 物种保护的理论基础：从岛屿生物地理学理论到集合种群理论［J］. 生态学报，2001（7）：1171-1179.

［28］周霞，张林艳，叶万辉. 生态空间理论及其在生物入侵研究中的应用［J］. 地球科学进展，2002，4：588-594.

［29］朱春全. 生态位理论及其在森林生态学研究中的应用［J］. 生态学杂志，1993（4）：41-46.

［30］王晓博. 生态空间理论在区域规划中的应用研究［D］. 北京：北京林业大学，2006.

［31］崔英伟. 城市规划学科本原初探［J］. 河北建筑工程学院学报，2004（3）：53-55.

［32］张宇星. 城镇生态空间发展与规划理论［J］. 华中建筑，1995（3）：9-11.

［33］王纪武. 地域文化视野的城市空间形态研究［D］. 重庆大学，2005.

［34］杨培峰. 城乡空间生态规划理论与方法研究［D］. 重庆大学，2002.

［35］王甫园，王开泳，陈田，等. 城市生态空间研究进展与展望［J］. 地理科学进展，2017，36（2）：207-218.

［36］秦明周. 生态空间规划理论的科学创新［J］. 中国土地，2020（12）：8-10.

［37］田小琴. 长株潭城市群生态空间演变及调控研究［D］. 长沙：湖南师范大学，2014：25-30.

［38］田嵩，赵树明，刘颖. 我国城市群生态空间管制的"四分模式"［J］. 城市发展研究，2012，19（3）：137-140.

［39］宗跃光. 生态空间的研究方法：现代生态学透视［M］. 北京：科学出版社，1990.

［40］刘乃芳. 城市叙事空间理论及其方法研究［D］. 长沙：中南大学，2012.

［41］朱效民，赵红超，刘焱，等. 矢量地图叠加分析算法研究［J］. 中国图象图形学报，2010，15（11）：1696-1706.

［42］李功伟. 城市湿地景观生态规划研究［D］. 长沙：中南林业科技大学，2006：17-28.

［43］张文艺. GIS缓冲区和叠加分析［D］. 长沙：中南大学，2007.

［44］傅伯杰，吕一河，陈利顶，等. 国际景观生态学研究新进展［J］. 生态学报，2008（2）：798-804.

［45］陈文波，肖笃宁，李秀珍. 景观空间分析的特征和主要内容［J］. 生态学报，2002（7）：1135-1142.

［46］王甫园，王开泳，陈田，等. 城市生态空间研究进展与展望［J］. 地理科学进展，2017，36（2）：207-218.

［47］周敏. 古典西南山地城市生态空间结构历史研究［D］. 重庆：重庆大学，2012.

［48］王如松，李锋，韩宝龙，等. 城市复合生态及生态空间管理［J］. 生态学报，2014，34（1）：1-11.

［49］王甫园，王开泳. 城市化地区生态空间可持续利用的科学内涵［J］. 地理研究，2018，37（10）：1899-1914.

［50］高吉喜，徐德琳，乔青，等. 自然生态空间格局构建与规划理论研究［J］. 生态学报，2020，40（3）：749-755.

［51］宗跃光. 生态空间的研究方法：现代生态学透视［M］. 北京：科学出版社，1990：14-17.

［52］喻锋，李晓波，张丽君，等. 中国生态用地研究：内涵、分类与时空格局［J］. 生态学报，2015，35（14）：4931-4943.

［53］刘继来，刘彦随，李裕瑞. 中国"三生空间"分类评价与时空格局分析［J］. 地理学报，2017，72（7）：1290-1304.

［54］谢高地，鲁春霞，成升魁，等. 中国的生态空间占用研究［J］. 资源科学，2001（6）：20-23.

［55］陈爽，刘云霞，彭立华. 城市生态空间演变规律及调控机制：以南京市为例［J］生态学报，2008，28（5）：2270-2278.

［56］李广东，方创琳. 城市生态—生产—生活空间功能定量识别与分析［J］. 地理学报，2016，71（1）：49-65.

［57］徐磊. 基于"三生"功能的长江中游城市群国土空间格局优化研究［D］. 华中农业大学，2017.

［58］赵筱青，李思楠，谭琨，等. 基于功能空间分类的抚仙湖流域"3类空间"时空格局变化［J］. 水土保持研究，2019，26（4）：299-305，313.

［59］杨玲. 基于空间管控视角的市域绿地系统规划研究［D］. 北京：北京林业大学，2014.

［60］岳文泽，王田雨. 中国国土空间用途管制的基础性问题思考［J］. 中国土地科学，2019，33（8）：8-15.

［61］乔艳萍. 基于RS和GIS的嘉峪关市生态保护红线划定及空间管控研究［D］. 甘肃农业大学，2017.

［62］范丽媛. 山东省生态红线划分及生态空间管控研究［D］. 济南：山东师范大学，2015：25-58.

［63］杜震，张刚，沈莉芳. 成都市生态空间管控研究［J］. 城市规划，2013，37（8）：84-88.

[64] 蒋洪强，刘年磊，胡溪，许开鹏. 我国生态环境空间管控制度研究与实践进展 [J]. 环境保护，2019，47 (13)：32-36.

[65] 邹长新，徐梦佳，林乃峰，等. 生态保护红线的内涵辨析与统筹推进建议 [J]. 环境保护，2015，43 (24)：54-57.

[66] 蒋莉莉，陈克龙，吴成永. 生态红线划定研究综述 [J]. 青海草业，2019，28 (1)：24-29.

[67] 何彦龙，黄华梅，陈洁，等. 我国生态红线体系建设过程综述 [J]. 生态经济，2016，32 (9)：135-139.

[68] 杨锐. 美国国家公园体系的发展历程及其经验教训 [J]. 中国园林，2001 (1)：62-64.

[69] 杨锐. 美国国家公园规划体系评述 [J]. 中国园林，2003 (1)：45-48.

[70] 吴亮，董草，苏晓毅，等. 美国国家公园体系百年管理与规划制度研究及启示 [J]. 世界林业研究，2019，32 (6)：84-91.

[71] 张风春，朱留财，彭宁. 欧盟 Natura 2000：自然保护区的典范 [J]. 环境保护，2011 (6)：73-74.

[72] 李雪. 欧盟涉自然保护区规划和项目审批制度及启示 [J]. 河北环境工程学院学报，2020，30 (3)：7-10，36.

[73] 苏同向，王浩. 生态红线概念辨析及其划定策略研究 [J]. 中国园林，2015，31 (5)：75-79.

[74] 陈先根. 论生态红线概念的界定 [D]. 重庆：重庆大学，2016.

[75] 陈海嵩. 生态红线的规范效力与法制化路径：解释论与立法论的双重展开 [J]. 现代法学，2014，36 (4)：85-97.

[76] 天津市人民政府. 天津市生态保护功能区划 [Z]. 2014.

[77] 林勇，樊景凤，温泉，等. 生态红线划分的理论和技术 [J]. 生态学报，2016，36 (5)：1244-1252.

[78] 北京市规划委员会. 北京市限建区规划 [Z]. 2014.

[79] 燕守广，林乃峰，沈渭寿. 江苏省生态红线区域划分与保护 [J]. 生态与农村环境学报，2014，30 (3)：294-299.

[80] 赵宇宁. 福建构建滨海湿地生态红线制度的若干战略问题研究 [D]. 厦门大学，2014.

[81] 黄伟，曾江宁，陈全震，等. 海洋生态红线区划：以海南省为例 [J]. 生态学报，2016，36 (1)：268-276.

[82] 冯宇. 呼伦贝尔草原生态红线区划定的方法研究 [D]. 北京：中国环境科学研究院，2013.

[83] 饶胜，张强，牟雪洁. 划定生态红线 创新生态系统管理 [J]. 环境经济，2012 (6)：57-60.

[84] 李纪宏，刘雪华. 基于最小费用距离模型的自然保护区功能分区 [J]. 自然资源学报，2006 (2)：217-224.

[85] 高吉喜. 国家生态保护红线体系建设构想 [J]. 环境保护，2014，42 (Z1)：18-21.

[86] 许妍，梁斌，鲍晨光，等. 渤海生态红线划定的指标体系与技术方法研究 [J]. 海洋通报，2013，32 (4)：361-367.

[87] 左志莉. 基于生态红线区划分的土地利用布局研究：以广西贵港市为例 [D]. 桂林：广西师范学院，2010.

[88] 林乃峰，沈渭寿. 江苏省生态红线区域划分与保护 [J]. 生态与农村环境学报，2014，30 (3)：294-299.

[89] 王云才，吕东，彭震伟，等. 基于生态网络规划的生态红线划定研究：以安徽省宣城市南漪湖地区为例 [J]. 城市规划学刊，2015 (3)：28-35.

[90] 黎斌，何建华，屈赛，等. 基于贝叶斯网络的城市生态红线划定方法 [J]. 生态学报，2018，38 (3)：800-811.

[91] 何永，阳文锐，郭睿，等. 城市生态红线的划定与管理 [J]. 北京规划建设，2014 (2)：21-25.

[92] 肖甜甜，李杨帆，向枝远. 基于生态系统服务评价的围填海区域景观生态红线划分方法及应用研究 [J]. 生态学报，2019，39 (11)：3850-3860.

[93] 郑华，欧阳志云. 生态红线的实践与思考 [J]. 中国科学院院刊，2014，29 (4)：457-461，448.

[94] 李力，王景福. 生态红线制度建设的理论和实践 [J]. 生态经济，2014，30 (8)：138-140.

[95] 陈海嵩. “生态红线”制度体系建设的路线图 [J]. 中国人口·资源与环境，2015，25 (9)：52-59.

[96] 杨邦杰，高吉喜，邹长新. 划定生态保护红线的战略意义 [J]. 中国发展，2014，14 (1)：1-4.

[97] 广东省人民政府. 珠江三角洲环境保护区规划纲要（2004—2020）[Z]. 2005.

[98] 深圳市人民政府. 深圳市基本生态控制线管理规定 [Z]. 2005.

[99] 江苏省人民政府. 江苏省生态红线区域保护规划 [Z]. 2013.

[100] 天津市人民政府. 天津市生态用地保护红线划定方案 [Z]. 2014.

[101] 吕宏迪，万军，王成新，等. 城市生态红线体系构建及其与管理制度衔接的研究 [J]. 环境科学与管理，2014，39 (1)：5-11.

[102] 俞龙生，李志琴，梁志斌，等. 广州南沙新区生态保护红线划分与管理体系 [J]. 环境工程技术学报，2014，4 (5)：421-428.

[103] 闵庆文，马楠. 生态保护红线与自然保护地体系的区别与联系 [J]. 环境保护，2018，20 (12)：25-29.

[104] 俞龙生，于雷，李志琴. 城市环境空间规划管控体系的构建：以广州市为例 [J]. 环境保护科学，2016，42 (3)：19-23.

[105] 王玉虎，王颖，叶嵩. 总体规划改革中的全域空间管控研究和思考 [J]. 城市与区域规划研究，2018，10 (2)：57-71.

[106] 黄娟，毛凯，孙兆海. 生态空间管控在地级市域生态文明建设中的实践：以淮安市为例 [J]. 环境科技，2017，30 (5)：71-74.

[107] 桑家晔. 县域生态空间分区管控研究 [D]. 北京：北京工业大学，2019.

[108] 邓小文，孙怡超，韩士杰. 城市生态用地分类及其规划的一般原则 [J]. 应用生态学报，2005，16 (10)：2003-2006.

[109] 刘云霞，陈爽，姚士谋. 大城市地区生态保留地划分原则与方法：以南京市为例 [J]. 地域研究与开发，2006，25 (5)：90-93.

[110] 刘珉，胡鞍钢. 中国绿色生态空间研究 [J]. 中国人口·资源与环境，2012，22 (7)：53-59.

[111] 徐中民，程国栋，张志强. 生态足迹方法的理论解析 [J]. 中国人口·资源与环境，2006 (6)：69-78.

[112] 范益群，许海勇. 城市地下空间开发利用中的生态保护 [J]. 解放军理工大学学报（自然科学版），2014，15 (3)：209-213.

[113] 宋晓倩. 自然生态空间统一确权登记疑难问题研究 [D]. 济南：山东师范大学，2017.

[114] 臧玲，李保莲，王兵. 自然生态空间用途管制制度的实施问题：基于河南省鹤壁市的试点探索 [J]. 中国土地，2019 (4)：18-20.

[115] 陈阳，岳文泽，张亮，等. 国土空间规划视角下生态空间管制分区的理论思考 [J]. 中国土地科学，2020，34 (8)：1-9.

［116］汪雪，王晓瑜．自然生态空间管控制度框架研究［C］// 中国城市科学研究会，郑州市人民政府，河南省自然资源厅，河南省住房和城乡建设厅．2019 城市发展与规划论文集．北京：北京邦蒂会务有限公司，2019：7.

［117］赵中华．基于主体功能区战略的勐海县国土空间三生功能分区及管治研究［D］．云南大学，2016.

［118］刘超．生态空间管制的环境法律表达［J］．法学杂志，2014，35（5）：22-32.

［119］王蕾，胡伟禄．浅谈生态补偿机制的法律完善［J］．法治与社会，2014（10）：29-30.

［120］毛显强，钟瑜，张胜．生态补偿的理论探讨［J］．中国人口·资源与环境，2002（4）：40-43.

［121］秦艳红，康慕谊．国内外生态补偿现状及其完善措施［J］．自然资源学报，2007（4）：557-567.

［122］杨光梅，闵庆文，李文华，等．我国生态补偿研究中的科学问题［J］．生态学报，2007（10）：4289-4300.

［123］袁伟彦，周小柯．生态补偿问题国外研究进展综述［J］．中国人口·资源与环境，2014，24（11）：76-82.

［124］范明明，李文军．生态补偿理论研究进展及争论：基于生态与社会关系的思考［J］．中国人口·资源与环境，2017，27（3）：130-137.

［125］范丽媛．山东省生态红线划分及生态空间管控研究［D］．济南：山东师范大学，2015：15-30.

［126］王永丽，于君宝，董洪芳，等．黄河三角洲滨海湿地的景观格局空间演变分析［J］．地理科学，2012，32（6）：717-724.

［127］吴晓青，陀正阳．我国保护区生态补偿机制的探讨［J］．国土资源管理，2002（19）：18-21.

［128］陈雯．流域土地利用分区空间管制研究与初步实践：以太湖流域为例［J］．湖泊科学，2012，24（1）：1-8.

［129］吴岚．县域土地生态评价及空间管控研究［D］．南京：南京师范大学，2017.

［130］陈钊．建设生态文明视角下促进生产空间集约高效的途径研究［J］．经营管理者，2014（1）：157-158.

［131］生态文明体制改革总体方案［Z］．2015.

[132] 祖健，艾东，郝晋珉，等. 国土空间用途管制的挑战与对策：以北京市规划实践为基础 [J]. 城市发展研究，2021，28 (2)：1-8.

[133] 唐寄翁，徐建刚，郤艳丽，等. 自然资源资产管理与国土空间规划体系融合研究 [J]. 规划师，2020，36 (22)：25-31.

[134] 杨壮壮，袁源，王亚华，等. 生态文明背景下的国土空间用途管制：内涵认知与体系构建 [J]. 中国土地科学，2020，34 (11)：1-9.

[135] 杨百合，王先鹏. 市级生态空间用途管制政策框架研究：以宁波市为例 [J]. 中国土地，2020 (11)：32-33.

[136] 程茂吉. 全域国土空间用途管制体系研究 [J]. 城市发展研究，2020，27 (8)：6-12.

[137] 田双清，陈磊，姜海. 从土地用途管制到国土空间用途管制：演进历程、轨迹特征与政策启示 [J]. 经济体制改革，2020 (4)：12-18.

[138] 范丽媛. 山东省生态红线划分及生态空间管控研究 [D]. 济南：山东师范大学，2015.

[139] 武隆区生态文明建设十三五规划 [Z]. 2016.

[140] 欧阳志云. 区域生态环境质量评价与生态功能区划 [M]. 北京：中国环境科学出版社，2009.

[141] 张令. 环境红线相关问题研究 [J]. 现代农业科技，2013，22 (11)：247-249.

[142] 金继晶，郑伯红. 面向城乡统筹的空间管制规划 [J]. 现代城市研究，2009 (2)：29-34.

[143] 王千，金晓斌，周寅康. 河北省耕地生态安全及空间聚集格局 [J]. 农业工程学报，2011，27 (8)：338-344.

[144] 徐文彬，尹海伟，孔繁花. 基于生态安全格局的南京都市区生态控制边界划定 [J]. 生态学报，2017，37 (12)：4019-4028.

[145] 龚道孝，顾晨洁，王巍巍. 首都区域生态空间的功能化探索 [J]. 北京规划建设，2014 (2)：26-32.

[146] 林伊琳，赵俊三，陈国平，等. 基于 MCR-FLUS-Markov 模型的滇中城市群国土空间格局优化 [J]. 农业机械学报，2021 (4)：1-18.

[147] 娄梦玲. "生态耦合" 引导下的生态空间体系建构与城市空间形态优化 [D]. 合肥工业大学，2020.

[148] 张合兵，于壮，邵河顺. 基于多源数据的自然生态空间分类体系构建及其识别 [J]. 中国土地科学，2018，32 (12)：24-33.

[149] 蔡青. 基于景观生态学的城市空间格局演变规律分析与生态安全格局构建 [D]. 湖南大学，2012.

[150] 岳德鹏，于强，张启斌，等. 区域生态安全格局优化研究进展 [J]. 农业机械学报，2017，48 (2)：1-10.

[151] 郭家新，胡振琪，李海霞，等. 基于 MCR 模型的市域生态空间网络构建 [J]. 农业机械学报，2021，52 (3)：275-284.

[152] 俞孔坚，李迪华，段铁武. 生物多样性保护的景观规划途径 [J]. 生物多样性，1998 (3)：45-52.

[153] 张洪军. 东北东部山区天然次生林生态空间构建机制的研究 [D]. 哈尔滨：东北林业大学，2001.

[154] 欧阳志云，刘建国，肖寒，等. 卧龙自然保护区大熊猫生境评价 [J]. 生态学报，2001，11：1869-1874.

[155] 邱霓，徐颂军，邱彭华，等. 南沙湿地公园红树林物种多样性与空间分布格局 [J]. 生态环境学报，2017，26 (1)：27-35.

[156] 井学辉. 新疆额尔齐斯河流域植被景观格局与生物多样性空间变化规律研究 [D]. 北京：中国林业科学研究院，2008.

[157] 刘吉平，吕宪国. 三江平原湿地鸟类丰富度的空间格局及热点地区保护 [J]. 生态学报，2011，31 (20)：5894-5902.

[158] 陈士银. 湛江市城市景观生态空间格局优化研究 [D]. 武汉：华中农业大学，2003.

[159] 任鸿昌，吕永龙，姜英，等. 西部地区荒漠生态系统空间分析 [J]. 水土保持通报，2004，05：54-59.

[160] 张雪峰，牛建明，张庆，等. 内蒙古锡林河流域草地生态系统水源涵养功能空间格局 [J]. 干旱区研究，2016，33 (4)：814-821.

[161] 王晓莉，戴尔阜，朱建佳. 赣江流域森林生态系统服务空间格局及其影响因素（英文）[J]. Journal of Resources and Ecology，2016，7 (6)：439-452.

[162] 费建波，夏建国，胡佳，等. 生态空间与生态用地国内研究进展 [J]. 中国生态农业学报（中英文），2019，27 (11)：1626-1636.

[163] 岳德鹏，王计平，刘永兵，等. GIS 与 RS 技术支持下的北京西北地区景观格局优化 [J]. 地理学报，2007，11：1223-1231.

[164] 周兆叶. 基于 GIS 的生态环境质量评价 [D]. 兰州：兰州大学，2009.

［165］王思远，张增祥，赵晓丽，等. 遥感与 GIS 技术支持下的湖北省生态环境综合分析［J］. 地球科学进展，2002（3）：426-431.

［166］王士远，张学霞，朱彤，等. 长白山自然保护区生态环境质量的遥感评价［J］. 地理科学进展，2016，35（10）：1269-1278.

［167］薛联青，王晶，魏光辉. 基于 PSR 模型的塔里木河流域生态脆弱性评价［J］. 河海大学学报（自然科学版），2019，47（1）：13-19.

［168］邬建国. 景观生态学：概念与理论［J］. 生态学杂志，2000（1）：42-52.

［169］沈悦，刘天科，周璞. 自然生态空间用途管制理论分析及管制策略研究［J］. 中国土地科学，2017，31（12）：17-24.

［170］吴传钧. 论地理学的研究核心：人地关系地域系统［J］. 经济地理，1991（3）：1-6.

［171］李小云，杨宇，刘毅. 中国人地关系演进及其资源环境基础研究进展［J］. 地理学报，2016，71（12）：2067-2088.

［172］吴向阳. 空地一体化快速成图关键技术研究与实现［D］. 东南大学，2015.

［173］赵凤琴，汤洁，周德春. GIS 的空间分析技术在长春市大气环境功能分区中的应用［J］. 吉林大学学报（地球科学版），2002（3）：265-267，272.

［174］庞光辉，蒋明卓，洪再生. 沈阳市植被覆盖变化及其降温效应研究［J］. 干旱区资源与环境，2016，30（1）：191-196.

［175］李苗苗. 植被覆盖度的遥感估算方法研究［D］. 北京：中国科学院研究生院（遥感应用研究所），2003.

［176］贾坤，姚云军，魏香琴，等. 植被覆盖度遥感估算研究进展［J］. 地球科学进展，2013，28（7）：774-782.

［177］程红芳，章文波，陈锋. 植被覆盖度遥感估算方法研究进展［J］. 国土资源遥感，2008（1）：13-18.

［178］张晓媛，周启刚. 基于 GIS 和 RS 的重庆市主城区 NDBI 分布特征研究［J］. 水土保持研究，2014，21（5）：111-115.

［179］徐涵秋，杜丽萍. 遥感建筑用地信息的快速提取［J］. 地球信息科学学报，2010，12（4）：574-579.

［180］周倩仪. 基于 GIS 与 RS 的近 20 年广州市城市建设用地扩展研究［D］. 广州大学，2010.

[181] 徐涵秋，杜丽萍，孙小丹. 基于遥感指数的城市建城区界定与自动提取 [J]. 福州大学学报（自然科学版），2011，39（5）：707-712.

[182] 富伟，刘世梁，崔保山，等. 景观生态学中生态连接度研究进展 [J]. 生态学报，2009，29（11）：6174-6182.

[183] 仇恒佳. 环太湖地区景观格局变化与优化设计研究 [D]. 南京：南京农业大学，2005.

[184] 王艳芳，沈永明，陈寿军，等. 景观格局指数相关性的幅度效应 [J]. 生态学杂志，2012，31（8）：2091-2097.

[185] 姚云长. 基于 InVEST 模型的三江平原生境质量评价与动态分析 [D]. 北京：中国科学院大学（中国科学院东北地理与农业生态研究所），2017.

[186] 肖明. GIS 在流域生态环境质量评价中的应用 [D]. 海南大学，2011.

[187] 潘文，王皓雪，施瑞. 基于遥感的成都市碳氧平衡动态分析 [J]. 科技风，2017（2）：98-99.

[188] 刘明达，蒙吉军，刘碧寒. 国内外碳排放核算方法研究进展 [J]. 热带地理，2014，34（2）：248-258.

[189] 梁朝晖. 上海市碳排放的历史特征与远期趋势分析 [J]. 上海经济研究，2009（7）：79-87.

[190] 姬盼盼，高敏华. 基于 LUCC1999—2014 年新疆碳氧平衡估算 [J]. 干旱区地理，2018，41（3）：608-615.

[191] 牛彦琼，李双江，罗晓，等. 基于碳氧平衡法的石家庄生态用地需求研究 [J]. 安徽农业科学，2012，40（12）：7325-7327.

[192] 马巾英，尹锴，吝涛. 城市复合生态系统碳氧平衡分析：以沿海城市厦门为例 [J]. 环境科学学报，2011，31（8）：1808-1816.

[193] 梁朝晖. 上海市碳排放的历史特征与远期趋势分析 [J]. 上海经济研究，2009（7）：79-87.

[194] GB/T 2589-2008. 综合能耗计算通则 [S]. 1981.

[195] 张颖，王群，李边疆，王万茂. 应用碳氧平衡法测算生态用地需求量实证研究 [J]. 中国土地科学，2007（6）：23-28.

[196] WARREN S. MCCULLOCH，WALTER PITTS. A logical calculus of the ideas immanent in nervous activity [J]. The Bulletin of Mathematical Biophysics, 1943 (4).

[197] HENRI LEFEBVRE, TRANS. Donald Nicholson-Smith. The Production of Space. Massachusetts, 1991.

[198] CHEN J. SHI P. J. Discussion on functional landuse classification system [J]. Journal of Beijing Normal University (Natural Science), 2005, 41 (5): 536-540.

[199] LAFORTEZZA R, DAVIES C, SANESI G, et al. Green Infrastructure as a tool to support spatial planning in European urban regions [J]. iForest: Biogeosciences and Forestry, 2013, 6 (1): 102-108.

[200] YU K J. Security patterns and surface model and in landscape planning [J]. Landscape and Urban Plann. 1996, 36 (5): 1-17.

[201] LIU Y. S, WANG J. Y, GUO L. Y. GIS-Based Assessment of Land Suitability for Optimal Allocation in the QinlingMountains, China [J]. Pedosphere, 2006 (5): 579-586.